우리를 정의하는 것이 기억인 것처럼 기억에 집착하지만,
우리를 정의하는 것은 우리가 하는 행동이다

We cling to memories as if they define us.
But what we do defines us.

      –   Major Mira, Ghost in the shell

발 행　｜　2018-12-31
저 자　｜　우병수
펴낸이　｜　한건희
펴낸곳　｜　주식회사 부크크
출판사등록　｜　2014.07.15(제 2014-16 호)
주 소　｜　경기도 부천시 원미구 춘의동 202 춘의테크노파크 2 단지 202 동 1306 호
전 화　｜　1670-8316
이메일　｜　info@bookk.co.kr

ISBN ｜ 979-11-272-5652-4
본 책은 브런치 POD 출판물입니다.
https://brunch.co.kr

엔지니어를 위한
인터넷 전화와
SIP 의 이해

우병수 지음

추천의 글

저자는 나의 사수이며 형제 같은 존재입니다. 이 업계에 입문하게 된 것도 저자의 권유 덕분입니다. 오랫동안 함께 지내오며 쌓은 추억 중에 몇 가지를 추천사로 대신 이야기 하고자 합니다.

첫 번째는 저자에게 SIP 의 기초를 물어본 적이 있었습니다. "보이스 엔지니어라면 RFC3261 는 정독해야지~"라며 IETF 웹 주소와 텍스트 파일을 카피해 준 일이 있습니다. 저자에게 'SIP 기초 = RFC3261'라는 정답이지만 근접하기 어려운 신념이 있었던 것 같습니다. 이 기억은 아직도 생생할 만큼 당황스럽고 충격적이었습니다.

두 번째는 "개나리가 피면 100 명의 음성/영상 전문가를 양성하자" 라며 '개나리 상륙 작전'이란 촌스러운 이름으로 여러 협력업체의 엔지니어들을 직접 교육을 하러 다녔습니다. 사람을 키워야 한다는 저자의 의지가 많은 전문가를 양성하는 보람된 결과를 만들었다고 생각합니다.

마지막으로 넥스퍼트 블로그(NExpert.net)에 관련된 것입니다. 블로그를 시작하고 형식을 만든 사람은 나(허클베리핀)이지만, 블로그의 내용을 채운 사람은 우병수 (라인하트)입니다. 정보는 공유되어야 한다는 생각으로 지난 10 년간 꾸준히 글을 포스팅하다 보니 넥스퍼트 블로그는 커다란 정보의 숲이 되었습니다. 한국의 음성/영상 업계 엔지니어들은 대부분 넥스퍼트에서 정보를 얻고 있다고 봐도 무방합니다.

저의 경험에 비추어 볼 때 저자는 '부지런히 공부하는 엔지니어' 입니다. 그렇기에 이 책을 썼다는 것이 그다지 놀랍지 않습니다. 그는 언제나 공부를 하고, 공부한 것을 공유하여 사람을 키우는 사람입니다. 누가 시키지않아도 '숙명'처럼 계속 할 것입니다.

전화 및 협업 솔루션 업계가 10 년 전에 비해 조금 어려워지고 있습니다. 예전에는 너도 나도 하겠다던 기술이지만, 지금은 후배 엔지니어를 양성하기 어려운 환경입니다. 이 시기에 이 책은 더욱 큰 의미를 가집니다.

누군가 관심을 두지 않아도, 당장 유행하는 솔루션이 아니더라도 씨 뿌리는 농부의 마음으로 누군가는 이 자리를 지키고 있어야 합니다. 이 책은 저자가 자리를 지키고있다는 방증이며, 묵묵히 한 발 앞으로 나아가기 위한 발판이 될 것입니다. 이 책이 언젠가 결실을 맺어 큰 보람으로 돌아오길 바라봅니다.

2018 년 12 월 28 일 덕유산에서
허용준 (허클베리핀)
시스코 코리아

추천의 글

　저는 지난 몇 년간 저자에게 이 책의 출간을 수십 번 제안했습니다. 저자의 오랜 인터넷 전화 관련 실무 경험과 학문적인 배경을 기반으로 현실과 이론을 정확하게 이해하고 그 내용을 실무에서 즉시 적용할 수 있는 기술 서적이 탄생할 것이라고 감히 예견했습니다. 출간이 지연되는 현실에 각성하라고 지나칠 정도로 저자를 괴롭히기도 했습니다. 그 결과 드디어 이 책이 출간되어 너무 기쁩니다. 이 책의 출간까지의 과정을 너무나도 잘 알고 있기에 다시 한번 저자에게 감사합니다. 그 이유는 저에게 이 책이 너무나도 필요했기 때문입니다.

　저는 1999 년 ARS(Automatic Response System, 자동응답시스템), VoIP(Voice over Internet Protocol, 인터넷전화) Gateway 를 설치하고 운영하고 유지보수하는 엔지니어로 직장 생활을 시작했습니다. 그 이후에 음성인식(Voice recognition) 시스템을 거쳐 PBX(Private Branch eXchange, 구내 전화 교환 시스템) 전문 엔지니어로 성장하면서 전화망을 전문으로 수 많은 콜센터 또는 기업전화망을 구축하고 유지보수 하는 엔지니어가 되었습니다. 2001 년에는 어바이어(Avaya)사의 IP PBX 를 아시아 최초로 한국에 설치 하기도 했습니다. 그 당시 안정화 되지않은 IP PBX 를 실제 환경에 구축하는 것은 정말 기억하기 싫은 경험이었습니다. 제대로 된 시스템, 기술에 대한 교육도 없었던 시기에 수 많은 날밤을 H.323(SIP 와 유사한 인터넷 전화를 위한 프로토콜 중 하나)과 전투를 했던 아픈 기억이 떠오릅니다. 몇 년간의 H.323 과의 치열한 전투를 통해 이제 조금 이해가 되나 싶은 시기에 다른 아픔이 찾아오게 되었습니다. 당시 새롭게 출시되는 모든 솔루션, 시스템들이 전부 SIP 로 변화하기 시작했습니다. 또 다른 수 많은 날밤을 SIP 와 싸우게 되었습니다. 그 당시 이 책 "엔지니어를 위한 인터넷 전화와 SIP 의 이해"가 있었다면, 그 당시 제 인생이 그렇게나 고달프지 안았을 것이라 확신합니다.

이 책의 내용들을 보면서 그 외면하고 싶은 순간들을 다시 떠올리게 되는지 모르겠습니다. 지금은 거의 모든 인터넷 전화 시스템이 SIP 프로토콜로 동작되고 있습니다. 지금과 미래에는 인터넷 전화 업계의 엔지니어분들에게 SIP 는 어떤 의미로 여겨질까요? 이 업계에서 엔지니어분들 중에 아직 이 단어 SIP 가 멀게만 느껴 지시는 분들도 계실까요? 이 책은 인터넷 전화 분야에 근무 하시는 사람이면 누구를 막론하고 꼭 읽어봐야 하는 필독서는 아닙니다. 하지만 이 책에서는 네트워크 강사 경험과 엔지니어로서 현장 경험을 기초로 인터넷 전화 및 SIP 의 기술적 이론을 엔지니어 분들이 꼼꼼하게 이해할 수 있도록 정성을 다해 노력한 흔적과 깊은 저자의 경험을 간접적으로 느낄 수 있습니다. 이 책을 통해 엔지니어 수준에서 SIP 를 이해하고 정복 하시길 권유 드립니다.

저는 20 년째 직장 생활을 통해 깨우친 내용이 있습니다. "말이 통해야 일이 통한다." 즉 사람과 사람과의 정확한 의사 소통이 있어야만 결과를 만들어 낼 수 있다는 진리입니다. SIP 를 이해하기 시작하면서, 이 진리에 대해 더 큰 깨우침을 얻게 되었습니다. 이 책의 핵심 내용은 인터넷 전화분야에서 장비와 장비간 말이 통하는 원리를 너무나도 친절하게 자세히 설명해 주고 있습니다. 그 내용을 이해하고 사람과 사람 사이에서도 적용해 보시길 제안 드립니다. 나와 상대방의 정보를 상호간 정확히 전달하고, 상대방의 메시지에서 내가 이해한 것이 정확히 맞는지 다시 한번 물어보고 확인하고, 상대방의 의도를 정확히 이해했는지, 나의 의도가 정확히 전달 되었는지 또 확인하고,

확인이 되었을 경우만 200 OK 를 날려주는 소통 방법을 사용해 보시길 감히 독자 분들께 제안 드립니다.

마지막으로, 이 책을 계기로 인터넷 전화 분야의 모든 엔지니어 분들이 구축 프로젝트나 장애 처리 과정에서 SIP 에 대해서는 좀 더 인간답게 일이 풀리고, 문제가 해결되는데 기여하게 되기를 바랍니다.

이광섭 (맥스)

(현)Deus Systems, 기술총괄상무(CTO),

(전) Telstra, Cisco Systems, Bridgetec, Inticube,

Locus Technologies, L&H Korea

프롤로그

VoIP 및 통합 커뮤니케이션(UC, Unified Communication) 분야에서 가장 많이 사용하는 프로토콜은 SIP 입니다. SIP 프로토콜은 VoIP 프로토콜에서 대세로 자리 잡으면서 전화기, 음성 게이트웨이, IP PBX, SBC 등에서 광범위하게 사용합니다. 그래서 SIP 프로토콜은 인터넷 전화나 영상 회의 솔루션을 다루는 엔지니어들이 반드시 공부해야 하는 프로토콜입니다.

인터넷 전화 관련 기술과 SIP 프로토콜은 IP 네트워크 엔지니어도 PSTN 전화망 엔지니어도 배우기 어렵습니다. 두 기술의 아키텍처와 설계 사상이 배타적일 뿐만 아니라 배경 지식도 전혀 다르기 때문입니다. 또한, 서로 다른 두 기술을 상호 연동해야 하므로 기술에 대한 진입 장벽이 상대적으로 높습니다. 기존의 관련 기술 서적들은 인터넷 전화망과 PSTN 전화망을 함께 다루지 않고, 입문자가 아닌 전문가들을 대상으로 구성하였습니다. 또한, 기술의 역사적 배경 지식을 전달하거나 실무자를 위한 안내도 부족했습니다.

이 책은 VoIP 에서 IP Telephony 까지 인터넷 전화의 역사를 다루고, SIP 프로토콜을 중심으로 한 아키텍처와 음성과 영상을 전달하는 RTP 프로토콜, 그리고 SIP 보안 과 NAT Traversal 까지 자세히 다룹니다. 인터넷 전화에 대한 기본지식이 없는 입문자가 기술의 전체적인 그림을 그릴 수 있도록 구성하였습니다. 또한, 각 관련 기술이 구현된 제품들의 매뉴얼을 쉽게 읽을 수 있도록 일반적인 용어를 사용하였습니다. 이미 업계에 있는 엔지니어들은 전문적인 지식에 체계적으로 접근할 수 있는 안내서의 역할을 할 것이며, 실무에서 겪을 수 있는 다양한 사례를 언급하여 실질적인 도움이 되도록 구성하였습니다. 이 책을 읽은 사람들은 지난 20 여년간 인터넷 전화와 기업용 IP Telephony 의 발전을 한 눈에 조망할 수 있으므로 다른 장비 매뉴얼이나 데이타시트를 읽을 때 도움이 될 것입니다.

이 책은 2014 년에 처음 쓰기 시작하여 약 4 년 동안 편집과 퇴고를 되풀이 하였습니다. 생각보다 많은 시간과 노력이 든 이유는 책을 급하게 만들기 보다는 독자들에게 필요한 내용들이 충분히 담기 위해서였습니다. 결국, 처음 계획보다 많은 부분이 추가되었습니다. 마지막 퇴고를 거치면서도 담지 못한 내용에 대한 아쉬움은 여전합니다.

인터넷 전화와 협업 솔루션을 다루는 모든 분들에게 작은 도움이 되길 바라며 2018 년 12 월 31 일에 책을 출판합니다.

2018 년 12 월 28 일 서울에서
우병수 (라인하트)

글 싣는 순서

1장. 전화망의 이해

1. 전화망의 이해

1876 년 벨이 전기를 이용한 음성 통신을 처음 발명한 후 전화기와 전화망은 끊임없이 진화해왔습니다. PSTN (Public Switched Telephone Network)은 대형 회로 스위치형 네트워크로 가정과 기업의 전화기를 연결하는 거대한 전화 네트워크입니다. 우리나라에서 일반 가입자 선로를 유지하는 전화 통신 사업자는 KT 와 SKBB 이며, 한 때는 2,000 만 명의 가입자가 사용했던 거대한 네트워크입니다. 지금은 인터넷 전화에 밀려서 가입자가 급감하였지만, 인터넷 전화 시스템과 네트워크를 이해하기 위해서는 전화망부터 시작해야 합니다.

사람의 음성을 어떻게 멀리까지 전달할 수 있는 지를 알기 위해 우선은 전화선을 따라서 전화국까지 따라가 봅시다. 집에서 전화기를 사용하려면 통신 사업자에게 서비스 개통을 신청하고, 가까운 전자 상가에서 전화기를 구매합니다. RJ-11 커넥터로 연결된 전화선을 전화기에 연결하면, 전화기에서 "웅"하는 소리를 들을 수 있습니다. 그 소리는 전화기가 정상적으로 동작한다는 의미입니다. 그리고, 전화기에 전원을 연결하지 않아도 통화가 가능한 이유는 전화국에 비치된 전화 교환기가 전화선으로 전원을 공급하기 때문입니다.

집에서 전화 케이블을 따라 가보면 일정한 지역이나 구역별로 IDF (Intermediate Distribution Frame) 단자함을 만납니다. 단자함에서 다시 전화국의 지하실에 있는 MDF (Main Distribution Frame, 주배선관)까지 이어집니다. 일반 빌딩은 각 층의 전화선들이 모인 층간 IDF 단자함에 모여서 지하에 있는 큰 단자함으로 연결됩니다. 큰 빌딩들은 지하실에 구내 통신실을 두고 MDF (Main Distribution

Frame, 주 배선관)에 모든 전화선을 연결해 놓습니다. MDF에 모인
선들은 전화국의 전화 교환 시스템과 연결됩니다.

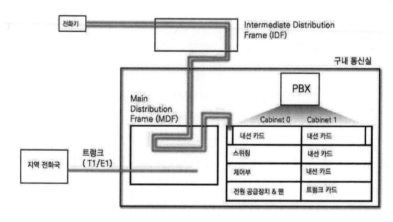

<그림 1-1> 전화기와 전화 교환기 연결도

　과거에는 전화선이 연결된 물리적 위치인 층이나 집의 주소와
일대일로 매칭 되는 선번장을 관리하는 것이 중요했습니다. 만일
선번장을 잃어버리면 수많은 선들이 어디로 연결되어 있는 지를 전혀
알지 못하게 됩니다. 그래서, MDF 만을 관리하는 사람들이 전화
서비스에 대한 요청이 있을 때마다 수작업으로 전화기와 전화 교환
시스템을 연결하였습니다. 인터넷 전화가 일반화되기 전에 MDF 단자
함과 전화 교환기를 연결하는 수작업을 전문용어로 "짬빠를 쏜다"
라고 하였습니다.

　전화국이나 빌딩의 구내 통신실에 있는 전화 교환 시스템은 여러
종류가 있습니다. 일반 가정에서는 바로 전화국으로 연결되고, 전화국
에서 가입자를 수용하는 전화 교환 시스템을 지역 교환기, 가입자 선

교환기 또는 CO (Central Office)라고 합니다. 작은 빌딩은 키폰 시스템 (Key Phone System)을 설치하고, 큰 빌딩은 사설 교환기 (PBX, Private Branch Exchange)를 설치합니다. 전화 교환 시스템의 크기에 따라 부르는 이름이 다를 뿐 실제 하는 역할은 동일합니다. 얼마나 많은 가입자를 수용할 수 있는지에 데스크톱 컴퓨터 만한 것부터 큰 캐비닛이나 서랍장 만한 것까지 있습니다. 일반적으로 엔지니어들은 PBX 를 연결하는 경우가 많으므로 전화 교환기를 PBX 로 통칭합니다.

PBX 는 크게 네 가지 부분으로 나눌 수 있습니다. 내선 카드는 가입자 회선을 수용하는 역할을 하므로 전화기 또는 팩스에서 출발한 전화선이 직접 연결되는 카드입니다. 또한, 가입자의 전화번호를 가지고 있으므로 전화선을 잘못 연결하면 전화 번호가 바뀝니다. 가입자가 많을수록 더 많은 내선 카드를 실장해야 하므로 전화 교환기가 커집니다. 또한, 전화기에 전원을 공급합니다.

국선 카드 또는 트렁크 카드는 PBX 와 PBX 를 연결하거나 PBX 와 전화국과의 연결합니다. 회사에서 '9'번을 누르고 시내전화번호를 다이얼링 할 때, 바로 '9'번이 트렁크 카드에 있는 각 포트를 선택하게 합니다.

스위칭 (Switching)은 전화기와 전화기를 연결하고, 제어부 (Control)는 PBX 를 관리하고 제어합니다. 보통 내선번호는 보통 3 자리 또는 4 자리를 사용하므로 4 자리만 누르면 스위칭 기능을 통해 전화가 연결됩니다. PBX 를 벗어나 외부와 통신할 때는 사용자가 '9'번을 누르면 자동으로 트렁크 카드의 특정 포트로 호를 보냅니다.

물리적으로 선로에 따라 가정에서 전화국까지 그리고 기업에서 전화국까지 따라가 보았습니다. 이제는 당신이 수화기를 들고 통화를 시도하는 과정을 생각해 봅시다. 전화기에서 전화번호를 누르면 전화 교환기가 전화번호를 인식하는 방식에 따라 DTMF (Dialtone multi-frequency)와 Pulse 방식으로 나뉩니다. DTMF 방식의 전화기는 두 개의 주파수를 이용하여 전화번호를 PBX 로 전송하기 때문에 펄스(Pulse)보다 정확하게 전달되어 지금은 가장 널리 사용됩니다. PBX 는 수신된 전화번호를 바탕으로 상대방과 연결합니다.

그리고, 당신이 전화기에서 지역번호를 포함한 전화번호를 누르는 경우를 가정해 봅시다. 지역 교환기가 착신 전화번호를 기준으로 타 지역 전화국으로 연결해야 합니다. 가입자 전화선을 수용하지 않고 교환기와 교환기를 중계하는 기능을 가진 교환기를 Tandem Switch 또 중계 교환기라고 합니다. 전문적인 용어로 교환기의 역할과 계위에 따라 가입자 수용 교환기를 Class 5 교환기, 중계 교환기를 Class 4 교환기라고 합니다. 이름에서 보듯이 상위 Class 도 존재합니다. 예를 들면 Class 3 교환기는 Class 4 교환기들을 중계해주는 시외 중계 교환기 같은 것이 있지만, 한국은 따로 구분하지 않고 Class 5 와 Class 4 로 교환기를 구분합니다.

상위 클래스의 전화 교환기는 전화국과 전화 통신 사업자가 가지고 있습니다. 각 지역 전화국은 가입자와의 거리가 너무 멀지 않도록 지역의 중심에 자리 잡고 있습니다. 도시의 한쪽에 치우쳐 있다면 전화선의 물리적 거리가 멀어지게 되므로 초기 투자비용이 많이 발생합니다.

2. 트렁크 (Trunk) 이해

빌딩이나 기업 내의 전화 서비스를 위해서는 PBX 가 건물의 구내 통신실이나 기업의 통신실에 위치합니다. 전화기에서 시작한 전화선은 IDF 와 MDF 를 지나 PBX 의 내선 카드와 연결됩니다. PBX 는 외부와의 통신을 위해 트렁크 카드로 전화국과 연결됩니다. 기업의 PBX 와 전화국의 교환기만 서로 연결하면 비용효과적일 뿐만 아니라 기업 내의 다양한 전화 부가서비스를 직접 구현할 수 있습니다. 수천 수만 개의 전화선을 전화국까지 연결할 필요가 없으며, 전화기의 부가 기능 구현을 위해 전화국에 매번 부탁할 필요도 없습니다.

PBX 와 PBX 간 또는 PBX 와 전화국 간의 연결을 트렁크 연동이라 하고, 가장 많이 사용하는 공통선을 E1 트렁크라고 합니다. 우리나라는 E1 트렁크가 표준으로 자리 잡고 있기 때문에, 엔지니어들은 E1 트렁크에 알아야 합니다. 엔지니어들은 항상 IP Telephony 구축 시에 음성 게이트웨이 (Voice Gateway)와 PBX 를 연동합니다.

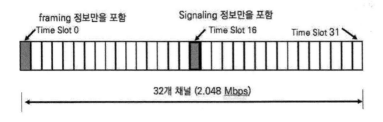

<그림 1-2> E1 의 채널 구조

E1 은 32 개의 채널로 이루어져 있으며 세부 채널 정보는 다음과 같습니다.

· Time slot 0 : Framing 정보
프레임의 시작 및 동기 신호를 교환

· Time slot 16 : Signaling 정보
전화번호 및 상태 정보를 교환하는 시그널링 정보를 교환

· Time slot 1-15, 17-31 : Media (음성) 교환
아날로그 음성을 디지털화한 음성을 교환

E1 의 한 채널은 음성을 전달하기 위해 64 Kbps 의 PCM 변조를 사용하므로 한 채널의 대역폭은 64 kbps 입니다. E1 은 총 32 개 채널이므로 2.048 Mbps 이지만, 프레이밍한 채널과 시그널링 한 채널을 제외하면 실제 개설할 수 있는 통화로는 30 개입니다. 우리 나라에서는 E1 트렁크에 대해서만 이해하면 되지만, 해외 구간 연동이 있을 경우를 대비하여 북미 방식의 T1 도 알아야 합니다. PBX 의 E1 카드도 시그널링 방식에 따라 ISDN E1 PRI 이외에도 E1 R2 도 있지만 거의 사용하지 않습니다.

구분	T1 (ITU-T G.733)	E1 (ITU-T G.723)
샘플링 주파수	8 kHz	8 kHz
채널 대역폭	DS0 64Kpbs	DS0 64Kpbs
프레임당 채널 슬랏	24	32
bits per Frame	24 * 8 +1 = 193	32 * 8 = 256
System Bit rate	8000 * 193 = 1.544 Mbps	8000 * 256 = 2.048 Mbps
시그널링 채널	23번 채널	16번 채널
사용 지역	북미방식	유럽 방식

<그림 1-3> E1 과 T1 의 비교

3. 왜 한 채널은 64 Kbps 인가?

　엔지니어는 음성을 전달하기 위해 최소 대역폭이 64 Kbps 의 대역폭 이 필요한 이유를 간단하게 알아야 합니다. 사람의 음성을 비용 효율적으로 멀리 깨끗하게 보내기 위해서 아날로그인 사람의 음성을 디지털 신호로 변환합니다.

<그림 1-4> 아날로그 신호를 디지털 신호로 변환

　아날로그인 음성을 디지털 신호로 변화하는 과정은 표본화, 양자화, 부호화 과정을 거칩니다.
　표본화는 원 신호를 시간축 상에서 일정한 주기로 표본 값을 추출하는 것입니다. 표본화는 샤논의 표본화 정리에 따르면, 사람의 음성의 최대 주파수는 3.4Khz 이므로 표본화 주파수는 최대 주파수의 두 배인 6.8 Khz 입니다. 그러나 표본화 잡음인 엘리어싱을 해결하기 위해 표본화 주파수를 8 Khz 를 사용합니다. 여기서 나이키스트 간격은 1 초를 표본화 주파수로 나누면 되므로 125us (마이크로초)이므로 8000 분의 1 초 당 하나의 샘플을 만듭니다. 샤논의 표본화 정리가 중요한 이유는 나이키스트 간격으로 샘플링 하면 원래의 음성으로 다시 복원이 가능하기 때문입니다.

표본화가 시간축 상에서 표본 값을 추출한 것이라면, 양자화는 진폭 값을 근사화하는 과정입니다. 진폭이 크면 높은 값을 낮으면 작은 값을 부여합니다.

부호화는 양자화된 신호를 전송에 적합하게 0 과 1 로 표현합니다. PCM (Pulse Code Modulation) 펄스 부호 변조는 양자화된 신호를 8 비트로 나타냅니다.

따라서, 1 초간의 음성을 전달하기 위해 PCM 은 8000 개의 샘플링 데이터를 전달해야 하고, 하나의 데이터는 8 비트로 부호화하여 64 Kbps 의 대역폭이 필요합니다.

4. E.164 주소 체계

PBX 는 전화번호를 인식하여 목적지를 연결하는 역할을 전화망의 핵심 장비입니다. 우리가 전 세계 어디라도 전화를 걸 수 있는 것은 단지 물리적인 연결 구조 외에 논리적인 주소 체계인 전화번호 체계가 있기 때문입니다.

모든 전화국이 체계적으로 연결되기 위한 주소 체계는 1996 년 12 월 31 일을 기준으로 ITU-T E.164 를 사용하도록 규정되었습니다. 이 번호 규정은 국제 통신에 사용하는 번호의 최대 자릿수를 12 자리로 규정한 E.163 권고안에 추가적인 주소 공간을 확보하기 위하여 국제 통신에 사용되는 번호를 최대 16자리로 확장하였습니다.

E.164 주소체계

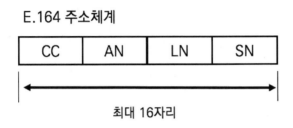

최대 16자리

<그림 1-5> E.164 주소 체계

E.164 전화번호 체계를 이용하는 우리나라의 전화번호는 다음과 같은 체계로 구성됩니다.

- CC (Country Code) : 국가 코드 (두 자리)
- AN (Area Number) : 지역번호 (두 자리 또는 세 자리)
- LN (Local Number) : 국번호 (세 자리 또는 네 자리)
- SN (Subscriber Number) : 가입자 번호 (네 자리)

전화를 걸 때 사무실에서는 4자리의 SN 넘버로만 통화하고, 같은 지역에서는 LN+SN 으로 통화합니다. 시외로 전화를 걸 때는 AN+LN+SN 번호를 사용하고, 국제전화의 경우에는 CC 번호를 이용합니다. 전화를 걸 때마다 모든 전화번호를 누르지 않는 이유는 전화망이 계층 (Hierarchy) 구조로 되어 있기 때문입니다.

5. VoIP 의 출현

인터넷이 발달하면서 1990 년대 후반에 먼 곳에 음성을 전달하는 방식에 변화가 일어났습니다. 전화망이 아닌 인터넷이나 데이터망을 이용하여 음성을 전달하려는 연구가 활발히 진행되었습니다. 품질도 좋고 안정적인 전화망을 두고서 왜 사람들은 국제 전화와 같은 장거리 통신을 인터넷이나 데이터망을 이용하려고 하였을까요?

2 장. VoIP 의 이해

1. VoIP 의 태동

인터넷을 이용한 음성 전달 연구가 활발한 이유는 과금 방식의 차이 때문입니다. 전화망은 사용 시간과 거리에 따라 과금 하는 종량제이지만, 인터넷 망은 거리에 상관없이 일정액을 과금 하는 정액제입니다. 인터넷 웹브라우저로 미국 또는 유럽의 웹 서버나 유튜브에 접속한다고 인터넷 사용 요금이 달라지지 않지만, 전화는 착신 지역과 통화시간에 따라 비용이 결정됩니다. 인터넷을 이용하여 전화망 수준의 통화가 가능할 경우 전화요금을 획기적으로 절감할 수 있습니다. 인터넷 전화는 황금알을 낳는 거위입니다. 현재 거의 모든 국제전화와 장거리 전화가 인터넷으로 이루어지고 있습니다.

1996 년 11 월 ITU 에 의해 H.323 Version 1 "Visual telephone system and equipment for local area network which provide a non-guaranteed quality of service (품질 보장이 되지 않는 LAN 을 위한 영상 및 전화 시스템)"이 표준화되면서 인터넷으로 통화를 하기 위한 시그널링 표준이 정해졌습니다. 같은 해에 실제 음성을 네트워크 상으로 전달하기 위한 IETF RFC 1889 Real-time Transport Protocol 이 표준화되면서 활발한 연구가 진행되었습니다.

1998 년 2 월 H.323 Version 2 "Packet-based multimedia communications systems (패킷 기반 멀티미디어 통신 시스템)"이 발표되면서 모든 종류의 패킷 네트워크에서 음성과 영상을 송수신할 수 있는 방안이 표준화 되었습니다. 많은 기업들이 황금알을 낳는 거위를 찾아 전화망과 인터넷 망을 연결해주는 음성 게이트웨이 (Voice Gateway)라는 제품을 중심으로 관련 장비와 시스템들을 출시하기 시작하였습니다. 국제 통화 및 장거리 통화 비용에 대한

부담이 높았던 다국적 기업을 중심으로 H.323 프로토콜 기반의 시스템을 도입하였습니다. 초창기에는 VoATM (Voice over ATM), VoFR (Voice over Frame Relay), VoIP (Voice over IP) 등의 다양한 방식으로 음성을 송수신하였지만, ATM 과 Frame Relay 망이 사라지면서 IP 네트워크로 통합되었습니다.

2. 음성 게이트웨이

　IP (Internet Protocol)가 세상을 평정하면서 인터넷을 통한 음성 연결은 VoIP 로 통칭해 부릅니다. VoIP 는 시외 및 국제 통화 요금을 절감하기 위해 기업의 본사와 지사 간 통화를 인터넷 또는 전용 IP 망을 이용합니다. 기업에 설치된 전화기와 PBX 는 그대로 두고 중계망을 전화망이 아닌 인터넷 망을 쓰도록 하기 위한 시스템이 음성 게이트웨이(Voice Gateway)입니다.

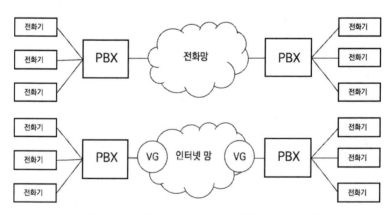

<그림 2-1> VG (Voice Gateway)를 이용한 VoIP 의 태동

음성 게이트웨이는 이기종 망을 연동하는 장비로써 이더넷 인터 페이스와 PSTN 인터페이스를 가지고 있습니다. 기존의 패킷을 라우팅하는 라우터와 비슷하지만, 음성 게이트웨이를 구분하는 요소 는 음성 신호를 데이터(패킷) 신호로 데이터 신호를 음성 신호로 변환 하는 디지털 신호 처리 장치 (DSP, Digital Signal Processor)의 장착 여부입니다. 디지털 신호 처리 장치는 디지털 연산에 의해 신호 처리를 하는 마이크로 프로세서로 음성 합성, 음성 인식, 음성 부호화, 압축, 반향음 제거 등 기능을 고속으로 수행하도록 맞춤 설계된 칩입니다. DSP 는 음성 뿐만 아니라 영상 처리도 함께 처리하도록 진화되었 습니다.

<그림 2-2> DSP 칩을 집적한 PVDM

DSP 칩을 집적한 모듈을 PVDM (Packet Voice DSP Modules) 이라 부르며 메모리 카드와 비슷합니다. PVDM 은 음성을 디지털로 처리해야 되는 인터넷 전화기 (IP Phone)과 다자간 음성 회의 시스템 (MCU, Multipoint Control Unit) 등에 다량으로 사용됩니다. PVDM

을 가장 많이 사용하는 음성 게이트웨이 (Voice Gateway) 는 용도에 따라 나뉩니다.

· 트렁크 게이트웨이 (Trunk Gateway)

트렁크 게이트웨이는 PBX 와 연결하기 위한 E1 트렁크를 집적하는 음성 게이트웨이입니다. E1 포트가 많을수록 더 많은 DSP 칩이 필요합니다. 지금은 PVDM 의 집적도와 E1 집적도 높아져서 한 장비가 16E1 또는 32 E1 이상도 집적할 수 있습니다.

· 아날로그 게이트웨이 (Analog Gateway)

PBX 가 없는 경우에도 아날로그 전화기나 팩스를 사용해야 하는 경우가 많습니다. 아날로그 게이트웨이는 트렁크 게이트웨이와 달리 FXS, FXO, E&M 등의 시그널링을 사용하므로 시그널링에 따라 카드가 다릅니다. 음성 게이트웨이의 구분은 기능적인 구분입니다. 대형 장비들은 기능별로 특화되어 출시되지만, 중소형 장비들은 트렁크 게이트 웨이와 아날로그 게이트웨이의 기능을 동시에 구현합니다.

간단하게 아날로그 게이트웨이의 시그널링 방식에 대해 정리해 봅니다.

· FXS (Foreign Exchange Station)

FXS 는 PSTN 전화망을 흉내 내는 인터페이스로 기존의 전화기 또는 팩스를 연결합니다. FXS 는 PBX 나 CO 역할을 수행하므로 전화기에 전원을 공급하여 다이얼톤을 생성해 줍니다.

· FXO (Foreign Exchange Office)

FXO 는 전화기 흉내를 내는 인터페이스입니다.

· E&M (Ear & Mouth 또는 Receive & Transmit)

아날로그 트렁크 방식으로 구형 PBX 와 PBX 간의 연결에 사용합니다. 요즘은 거의 사용하지 않습니다.

FXS 가 전화망을 흉내 내고 FXO 가 전화기 흉내를 내므로 둘을 서로 RJ11 케이블로 연결하여 사용하기도 합니다.

3. 저렴한 국제 전화 서비스의 출현

인터넷을 이용한 VoIP 서비스가 출현하면서 새로운 서비스와 시장이 창출되었습니다. 우리나라의 대표적인 국제 전화 식별 번호는 KT 001, LG U+ 002, 온세 008 입니다. 이 서비스들은 기존의 PSTN 전화망을 이용하므로 깨끗한 음질을 제공하지만 고비용 구조입니다. 국제 전화 서비스 시장에 저렴한 가격을 무기로 다수의 별정통신 사업자들이 장거리 통화와 국제 통화 사업에 뛰어들었습니다. 1998년 SK Telink 가 00700 국제전화 식별번호를 부여받아 서비스를 시작 하였으며, 이후 007XY, 003XY 로 대표되는 국제 전화 식별 번호가 생겼습니다. 2000 년 초에 해외 유학생들이 많이 사용했던 국제 전화 선불카드 서비스가 있습니다. 이제는 Skype 와 같은 애플리케이션 으로 대체된 시장이지만, 비싼 국제전화가 매우 저렴하게 이용할 수 있는 것은 VoIP 기술 덕분입니다.

별정 사업자들은 Voice Gateway 를 한국과 주요 해외 국가에 설치한 후 Voice Gateway 를 전용회선으로 연결하거나 인터넷 망을 이용하여 연결하였습니다. IP 네트워크를 이용하므로 발신 국가의 시내 통화 요금과 착신 국가의 시내 통화요금으로 국제전화를 이용합니다. 또한, 인터넷을 이용한 국제통화가 가능한 지역을 넓히기 위해 별정 통신 사업자 간에 망 연동도 활발하게 이루어졌습니다.

그 당시에 사람들은 PSTN 기반의 국제전화는 고가이지만 안정적인 음성 품질이 보장되고, 인터넷 기반의 국제전화는 저렴하지만 음성 품질이 불안정하다는 생각을 했습니다. 2018 년 현재는 G.711 코덱을 사용할 경우 음성 품질은 동일하고, G.722 과 같은 HD Voice 를 사용할 경우에는 더욱 뛰어난 음질을 제공합니다.

3 장. IP Telephony 의 이해

1. 새롬기술의 다이얼패드의 등장

VoIP 와 인터넷 전화 서비스가 도입될 때 인터넷 전화서비스를 제공하는 한국기업이 있었습니다. 1999 년 새롬기술은 "다이얼패드" 라는 세계 최초의 인터넷 전화 기술을 발명하여 한국과 미국을 중심으로 서비스를 하였습니다. 2000 년 초에 다이얼패드는 무료로 전화 통화가 가능하다는 광고로 단기간에 국내에서 천 만명의 가입자를 유치하면서 글로벌 IT 기업으로의 성장 가능성을 보였습니다.

다이얼패드가 선풍적인 인기를 끌면서 인터넷을 이용한 전화 서비스 는 수많은 사람들이 원하는 서비스라는 것을 입증하였습니다. 다이얼 패드는 기존 VoIP 서비스와 다른 PC-to-Phone 또는 PC-to-PC 형태 인터넷 전화 서비스입니다. 소프트 폰 제품들은 전용 하드웨어 장비들 과 달리 DSP 칩이 없었기 때문에 PC 의 성능에 따라 음성 품질이 크게 좌우되었습니다. 다이얼패드는 일반 사람들에게 인터넷을 통해 전화 를 할 수 있다는 사실을 알린 첫 신호탄이지만, 통화 실패나 낮은 통화 품질을 경험한 사람들에게 VoIP 나 인터넷 전화는 통화품질이 좋지 않다는 것을 각인 시켰습니다. 새롬 기술은 꾸준히 통화품질을 향상 했지만 초창기 서비스의 낮은 통화 품질에 대한 선입견을 극복하지 못했습니다. 2003 년 전 세계적으로 인터넷 망이 품질이 개선된 상황 에서 스카이프(Skype)는 다이얼패드가 없는 자리를 재빠르게 대체 하였습니다.

다이얼패드는 수익을 위한 비즈니스 모델의 부재와 PC 기반 소프트 폰의 한계로 인해 역사의 뒤안길로 사라졌습니다. 이제 세계적인 기업 이 되려다 실패한 사례로 싸이월드와 함께 등장하는 사례로 남았습니다.

2. IP Telephony 의 개요

스카이프의 성공에 힘입어 인터넷과 IP 망을 이용한 전화 서비스는 황금알을 낳는 거위라는 것이 증명되었습니다. 인터넷 장비 제조 기업들은 2000년대 중반부터는 음성 게이트웨이를 이용해서 전화 통화 비용을 절감하는 것에서 멈추지 않고 한 가지 더 생각합니다. 기업들은 사용하는 IP 데이터망과 전화망을 하나로 통합하고, 아날로그 전화기를 IP 전화기로 대체한다면 망 관리 및 유지보수 비용 절감과 음성 품질 저하 문제를 동시에 해결할 수 있습니다. 또한, 기업의 전화 서비스에 PC 를 결합하면 다양한 부가 서비스를 제공하는 것도 가능했습니다.

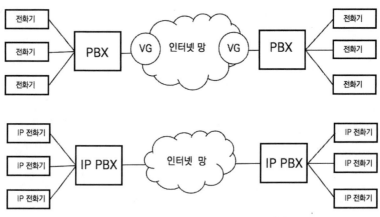

<그림 3-1> IP Telephony 시스템으로 진화

이제 기존 전화망의 PBX 와 전화기를 데이타망으로 옮기는 것은 시간문제였고, 가장 먼저 IP Telephony 사업에 뛰어든 기업은 시스코

였습니다. 전화망의 핵심 장비인 PBX 는 아날로그 전화기를 수용하는 내선 카드를 집적하는 슬롯, 전화기와 전화기를 연결하는 스위칭 및 호 처리 기능, 외부의 PBX 나 전화국을 연결하는 트렁크 연동 기능을 가지고 있습니다. 시스코와 같은 장비 제조 기업들은 IP 네트워크의 장비들이 PBX 의 기능을 수용하도록 장비를 개발하였습니다

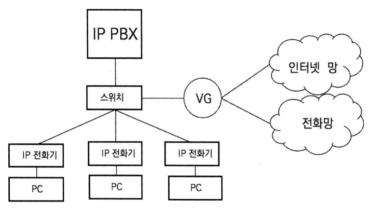

<그림 3-2> IP Telephony 시스템의 구조

IP Telephony 는 전화망의 핵심 장비인 PBX 의 기능을 분리하여 전화망과 IP 망을 연결하는 음성게이트웨이(Voice Gateway), 호 처리 기능을 담당하는 IP PBX, 전화기에 전원을 공급하는 In-line Power 스위치로 나뉘게 되었습니다. 그리고 아날로그 전화기는 IP 망과 연결 가능한 IP 전화기로 바뀌었습니다.

일반 가정에서 사용하는 인터넷 전화도 동일한 구조입니다. 단지 이더넷 케이블로 전원이 공급되지 않고 전화기에 별도의 전원 어댑터 를 연결합니다.

3. IP Phone 의 개요

IP Telephony 초창기에는 IP 전화기가 많이 도입되었지만, 지금은 무선 및 유선 네트워크의 발달과 함께 PC 의 성능이 크게 개선되면서 소프트 폰도 많이 사용합니다. 기업에서 사용하는 전화기는 3 포트 이더넷 스위치와 전화 기능이 결합된 것으로 가정용보다 훨씬 고가 입니다. 한 포트는 스위치와 연결되고, 다른 한 포트는 PC 와 연결 되며, 나머지는 내부 전화기 기능과 연결됩니다.

IP 전화기는 디스플레이를 가지고 있으므로 사진을 이용한 멀티 미디어 발신자 표시가 가능하고, PC 와 같은 네트워크를 이용하므로 클릭 투 콜 (Click to Call)이나 전화기 제어 (Phone Control)등의 기능 들을 제공합니다.

4. In-line Power Switch

요즘 대부분의 기업용 스위치는 무선 AP(Access Point)나 IP 전화기를 위해 전원 공급이 가능합니다. 과거에는 In-line Power Switch 가 없는 경우가 많아서 기존 스위치와 IP 전화기에 사이에 패치 패널이라는 장비를 두거나 직접 전원 어댑터를 이용하여 전원을 공급 하였습니다.

스위치와 전화기기 전원을 주거나 받기 위해 사용하는 표준 프로토콜은 IEEE 802.3af Power over Ethernet 입니다. IEEE 802.3af 표준이 늦게 만들어지면서 시스코는 Cisco PoE (Power over Ethernet)이라는 pre-standard 규격을 사용하였습니다. 스위치에 연결되는 전화기 종류나 기기에 따라 사용하는 전력량이 달라서 IEEE Class 를 구분하였습니다. 단순 IP 전화기는 7W 를 사용하는 Class 2 를, 컬러 LCD 가 장착된 IP 전화기와 무선 AP 는 전력 소모량이 많으므로 15.4W 를 사용하는 Class 3 을 제공받습니다.

또한, 스위치에서 전원 공급 여부를 결정하기 위해 어떤 유형의 장비인지를 확인하기 위한 프로토콜이 필요합니다. 시스코는 CDP (Cisco Discovery Protocol)를 사용하지만, 표준 프로토콜은 LLDP (Link Layer Discovery Protocol)입니다.

5. 새로운 전화 서비스의 핵심 : 시그널링 프로토콜

인터넷과 IP 망을 이용한 전화 서비스를 위해 필요한 구성 요소와 장비들을 살펴보았습니다. VoIP 및 IP Telephony 서비스는 비용 절감과 새로운 부가 서비스를 강점으로 빠르게 성장하였습니다. 시장이 빠르게 성숙할 수 있었던 이유는 H.323, SIP 및 MGCP 등과 같은 시그널링 프로토콜이 빠르게 표준화되었기 때문입니다. VoIP 프로토콜이 어떻게 발전해 왔는 지를 살펴보면, 현재 SIP 가 가장 지배적인 시그널링 프로토콜인 이유를 알게 될 것입니다.

4 장. VoIP 시그널링의 이해

1. 시그널링의 이해

시그널링 (Signaling, 신호 교환)은 호의 접속과 해제 또는 호의 제어 및 관리에 관련된 정보의 교환하는 과정입니다. 예를 들면, 발신자가 '옹'하는 다이얼 톤을 들은 후 '010-1234-5678'라는 전화번호를 다이얼 하면 링백톤을 듣게 됩니다. 수신자는 전화벨 소리를 듣게 되고 수화기를 듭니다. 발신자와 수신자가 서로 "여보세요"라고 하면서 대화가 시작됩니다. 시그널링은 발신자가 전화번호를 누르기 시작해서 상대방인 수신자가 수화기를 들 때까지의 과정입니다.

인터넷과 IP 망에서 사용되는 시그널링은 세 가지 역할을 수행합니다.

· 주소 번역 (Address Translation)
IP 망에서 10.10.10.1 과 같은 32 비트의 IP 주소 체계를 사용하지만, 전화망에서는 02-1234-5678 과 같은 E.164 주소 체계를 사용합니다. 사람들은 전화번호 체계에는 익숙하지만 IP 주소 체계는 알지 못합니다. 따라서, 서로 다른 주소체계인 전화번호와 IP 주소 간의 매핑을 위한 데이터베이스가 필요합니다. 시그널링은 수신자의 전화번호를 누르면 수신자의 IP 주소를 획득하여 연결시켜 줍니다.

· 코덱 협상 (Capability Negotiation)
시그널링 과정에서 실제 전달할 음성을 어떤 방식으로 압축해서 보낼지를 결정합니다. G.711, G.729, G.723, G.722 등의 코덱 가운데 적당한 코덱을 선택하는 작업입니다. 기존의 PSTN 전화망은 회선 교환 이므로 한 채널은 64 Kbps 가 확보되어 G.711 코덱만을 사용하지만, IP 네트워크는 패킷 교환이므로 네트워크의 대역폭의 상황에 따라 적절한 코덱을 사용합니다.

· 정책 결정 (Call Admission Control)

전화번호를 누른다고 무조건 전화를 연결하는 것이 아니라 허가받은 사용자인지 또는 상대방은 전화를 받을 수 있는 권한이 있는지 등에 대한 정책을 결정합니다. 예를 들면, 일반 방문객들이 사용하는 전화기는 사내의 사무실로만 전화할 수 있도록 하거나 해외업무 파트가 아닌 직원들의 전화기는 국제통화를 하지 못하게 설정할 수 있습니다.

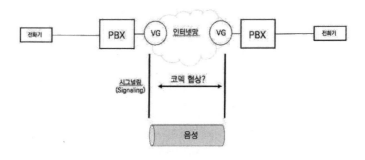

<그림 4-1> 시그널링

IP 망에서 시그널링이 완료된 후에 실제 음성을 전달하기 위한 프로토콜은 RTP (Real-time Transport Protocol)입니다. RTP 는 실시간으로 음성을 송수신하기 위한 전송 계층 통신 규약으로 IETF 의 RFC 1889 로 정의되었으나 2003 년 RFC 3550 으로 변경되었습니다. 또한, RTP 의 원활한 소통을 위해 RTCP (Real-Time Transport Control Protocol)와 함께 사용할 수 있습니다. RTCP 는 송신 측은 타임

스탬프를 근거로 재생 간에 동기를 취해 지연이 생기지 않도록 하며 수신 측에서는 전송 지연이나 대역폭을 등을 점검, RTCP 를 사용해서 송신 측의 애플리케이션에 통지할 수 있습니다.

2. VoIP 프로토콜의 역사 : SIP 와 H.323

1990 년대 초 인터넷이나 IP 망을 통해 음성이나 영상 전송에 대한 필요성이 대두되었습니다. 1996 년 품질보장 (QoS, Quality of Service)이 되지 않는 LAN 환경에서 멀티미디어 통신을 지원하기 위해 H.323 Version 1 이 표준화 되었습니다. H.323 은 급하게 표준화 되면서 많은 문제점을 드러냈습니다.

· 대규모의 사용자 지원의 어려움
· 대형 VoIP 네트워크 구성의 한계점
· 기존의 아날로그 PBX 가 지원하던 전화 부가 기능의 지원 미흡
· 복잡한 프로토콜 구조

H.323 표준을 제정한 ITU (국제 전기 통신 연합, International Telecommunication Union)는 주로 물리 및 데이터링크 계층에 관련된 표준을 주로 제정하는 기구입니다. H.323 프로토콜의 단점을 보다 보면, ITU 가 IP 계층에 대한 이해가 부족한 기관으로 기존 PSTN 네트워크의 아키텍처를 그대로 모방한 것을 알 수 있습니다. H.323 의 시그널링 과정과 메시지는 ISDN Q.931 과 거의 유사합니다.

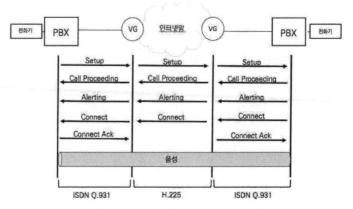

<그림 4-2> Q.931 과 H.323 시그널링 비교

ITU 는 H.323 프로토콜의 초기 버전에 문제점들을 보완하기 위해 1998 년 H.323 Version 2 를 표준화하면서 복잡한 시그널링 과정을 단순화할 수 있는 Fast Connection (Fast start) 프로시저와 부가서비스를 추가하였습니다.

ITU 와 달리 IETF (인터넷 국제 표준화 기구, Internet Engineering Task Force)는 IP 네트워크를 다루는 기구로 H.323 의 문제점을 극복하기 위해 SIP 를 1999 년 급하게 표준화 합니다. SIP 는 클라이언트/서버 기반 프로토콜로 뛰어난 확장성과 유연성, 그리고 단순한 시그널링을 강조했습니다. H.323 version 1 이 문제가 많았던 만큼이나 SIP 도 마찬가지였습니다. 2002 년 RFC 3261 SIP: Session Initiation Protocol 이 표준화되면서 안정화 되었습니다. SIP 3261 의 표준화는 H.323 Version 2 의 문제점을 극복하고 인터넷 전화 시장을 지배할 것으로 기대를 모았지만, 인터넷 전화 장비 제조 업체들은 기존에 투자한 H.323 장비들이 있었으므로 SIP 를 병행 지원하는 것으로 진화하였습니다. 지금도 음성 게이트웨이, IP PBX 와 같은 많은 장비들은 SIP 와 H.323 을 동시에 지원하고 있습니다.

SIP 의 뛰어난 확장성과 유연성은 장점이지만 단점이기도 합니다. 서로 다른 제조사의 장비 연동은 언제나 프로토콜 초창기에는 문제가 있기 마련이지만, SIP 는 부가서비스 연동은 고사하고 기본 서비스 연동에도 다양한 문제를 일으켰습니다. H.323 은 엄격히 규격화된 표준 덕분에 개발은 복잡하여도 이기종 장비 간 상호 연동이 비교적 쉽게 되었습니다. SIP 는 느슨하고 명확하지 않은 규정 때문에 부가 서비스를 제조사마다 개별적으로 개발하였습니다. 기업들의 요구사항은 PBX 이상의 부가 기능을 요구하였지만 표준화는 느렸기 때문입니다. H.323 과 SIP 간의 경쟁은 2000 년대 후반까지 계속 되었으나 각 프로토콜의 장단점을 상황에 맞게 활용하는 방향으로 진행되었습니다. H.323 은 엄격한 규정 덕에 이기종 장비 간 상호 연동이 필요한 부분에 주로 사용되었습니다. SIP 는 부가 서비스가 많이 필요한 전화 기와 IP PBX 간 연동에 주로 사용하였습니다.

SIP 의 느슨한 규정은 기업이 요구하는 부가서비스의 개발을 용이하게 하였습니다. 제조사마다 방식은 틀리지만 원하는 부가 서비스를 빠르게 구현할 수 있었으므로 IP PBX 와 IP Phone 이 동일 제조사로 묶이는 현상이 발생했습니다. 몇몇 제조사들은 전화기만 만들거나 IP PBX 만 만들기도 하였지만, IP PBX 와 IP Phone 을 동시에 만드는 제조사에 비해 부가 서비스 지원이 느리거나 부족할 수밖에 없습니다. 그래서, 많은 전화 부가 서비스가 필요한 기업용 IP Telephony 시장은 IP PBX 와 IP Phone 을 같은 제조사 제품으로 선택하였고, 부가 서비스가 필요 없는 가정용 인터넷 전화 시장은 IP Phone 과 IP Telephony 제조사는 다르지만 저비용 제품 들을 선택하게 되었습니다. 결국 RFC 3261 에서 시작한 SIP 지만 제조사별로 상이한 SIP 가 됩니다.

현재는 SIP 가 시장에서 광범위하게 사용되다 보니 자연스럽게 트렁크 영역에서도 엔지니어의 관성에 따라 H.323 을 선택하지 않는 이상 SIP 를 사용합니다. SIP 는 이미 VoIP 시장을 지배하는 프로토콜입니다. 그러나 SIP 프로토콜의 구조적 문제로 인해 IP Telephony 서비스를 구현할 때 전화기, IP PBX, Voice Gateway 는 동일 제조사의 제품을 사용합니다. SIP 가 표준이므로 개별적으로 구입하는 곳은 일반 가정에 서비스하는 통신사업자나 별정 사업자 뿐입니다.

3. VoIP 프로토콜의 역사 : MGCP 와 Megaco

MGCP (Media Gateway Control Protocol)와 MEGACO (MEdia GAteway COntol)는 Master/ Slave 구조로 Peer to Peer 방식의 H.323 이나 SIP 와는 근본적으로 다른 시그널링 프로토콜입니다. 프로토콜들의 차이점을 간단하게 짚어보겠습니다.

· Master / Slave 구조

Master / Slave 구조는 Slave 인 게이트웨이 및 단말은 단순 기능만을 수행하고, 호 제어 및 호 라우팅과 같은 지적인 기능은 중앙의 Master 가 수행합니다. 중앙의 호 제어 장비를 MGC (Media Gateway Controller) 혹은 CA (Call Agent)라고 부릅니다. Voice Gateway 는 음성을 패킷으로 패킷을 음성으로 변환하는 DSP (Digital Signal Processor) 칩과 PSTN 과 IP 망의 연동 인터페이스만을 가지는 더미(dummy)가 됩니다. 음성 게이트웨이나 단말은 단독으로 호 라우팅을 수행할 수 없습니다. 대표적인 프로토콜은 MGCP, Megaco / H.248 입니다.

· Peer to peer 구조

Peet to Peet 구조는 게이트웨이 및 단말이 호 제어 및 호 라우팅과 같은 지능적인 기능을 수행합니다. 대표적인 프로토콜은 H.323 과 SIP 이며, 중앙에서 호 제어 및 호 라우팅을 수행할 수 있는 SIP Proxy Server 나 H.323 Gatekeeper 는 필수 장비가 아닌 옵션 장비입니다. 일반적으로는 관리적인 이유로 필수장비처럼 사용합니다.

Master/Slave 방식의 MGCP 는 1999 년 10 년 RFC 2705 MGCP (Media Gateway Control Protocol version 1.0)으로 발표되었으며, 2003 년 RFC 3435 가 나오면서 본격적으로 사용되기 시작했습니다. 이름에서 보듯이 PSTN 연동을 위한 Voice Gateway 를 중앙집중식으로 효과적으로 관리하기 위해 개발된 프로토콜로 H.323 과 SIP 은 망이 거대해질수록 관리가 복잡해지고 과금이나 호 정책의 설정 등의 어려움을 극복하기 위해 만들어졌습니다.

MGCP 도 SIP 와 마찬가지로 IETF 에 제정 하였으므로 프로토콜 구조가 SIP 와 매우 흡사합니다. Voice Gateway 가 많은 대기업 및 다국적 기업이나 통신사업자에서 선호하는 프로토콜입니다. MGCP 아키텍처의 장점은 RFC 3015 MEGACO 로 이어지면서 ITU 와 IETF 가 함께 표준화 합니다. IETF 는 MEGACO 라 명명하였고, ITU 는 H.248 로 명명하였지만 같은 프로토콜입니다. MGCP 가 음성 중심으로 설계되었지만, MEGACO/ H.248 는 음성, 영상 및 데이터 까지 포함하여 설계되었습니다.

현재는 일반 기업에서는 H.323 과 SIP 를 주로 사용하고, 다수의 음성 게이트웨이를 보유한 통신 사업자가 관리의 편의성을 위해 MGCP 를 사용하기도 합니다.

4. H.323 이 복잡한 이유

업계에서 가장 많이 사용하는 VoIP 프로토콜은 SIP 입니다. SIP 가 선택된 이유는 H.323 이 복잡하고 개발이 어렵기 때문입니다. H.323 은 Protocol Suites 라고 불리듯이 여러 프로토콜의 조합으로 이루어져 있습니다. 호 제어 및 시그널링을 위한 H.225 Call Control, 단말 등록 및 호 정책을 설정을 위한 H.225 RAS(Registration, Admission, Status), 그리고 부가 서비스 및 Capability Negotiation (코덱 협상)을 위한 H.245, 보안 통신을 위한 H.235 로 구성되어 있습니다. H.323 통신을 위해서는 H.225 채널과 H.245 채널을 각각 협상하는 복잡한 프로토콜입니다.

또한, H.323 은 ASN 코드를 이용하므로 설계나 디버깅도 어렵습니다. 아래는 H.323 Setup 메시지의 예입니다. H.225 Setup 메시지는 SIP 이나 MGCP 메시지 비교할 때 암호문이라고 할 수 있습니다.

```
Router# debug h225 asn1
H.225 ASN1 Messages debugging is on
Router#
value H323-UserInformation ::=
{
h323-uu-pdu
```

```
{
    h323-message-body setup :
       {
         protocolIdentifier { 0 0 8 2250 0 1 },
         sourceAddress
          {
            h323-ID : "ptel213"
         },
         sourceInfo
          {
            terminal
             {
             },
            mc FALSE,
            undefinedNode FALSE
       },
         destinationAddress
          {
            h323-ID : "ptel23@zone2.com"
         },
         activeMC FALSE,
         conferenceID '5FC8490FB4B9D111BFAF0060B000E945'H,
         conferenceGoal create : NULL,
         callType pointToPoint : NULL,
         sourceCallSignalAddress ipAddress :
             {
               ip '3200000C'H,
               port 1720
             }
       }
    }
}
```

5. VoIP 프로토콜 정리

지금까지 살펴본 H.323, SIP, MGCP 를 간단하게 비교합니다.

구분	H.323	SIP	MGCP
표준기관	ITU-T	IETF	IETF
Architecture	분산	분산	중앙집중식
최신버전	H.323 v5	SIP 2.0 (RFC 3261)	MGCP 1.0 (RFC 3015)
전송 프로토콜	TCP	TCP or UDP	UDP
Encoding	ASN.1	텍스트	텍스트
확장성	뛰어남	매우 뛰어남	뛰어남
코덱협상	H.245	SDP	SDP
방화벽 투과	다수 프로토콜로 복잡	단순	단순
보안 프로토콜	TLS	H.235 IPSEC, TLS	
호 제어 장비	GateKeeper	Proxy Server	Call Agent
단말	Gateway Terminal	Gateway IP Phone	Gateway

<그림 4-3> VoIP 프로토콜 비교

기업용 IP PBX 는 Line Side 는 SIP 를 Trunk Side 는 SIP, H.323, MGCP 를 사용합니다. 통신 사업자가 사용하는 대용량 소프트스위치는 이외에도 Megaco/H.248, Sigtran 도 지원합니다. 과거에는 VoIP 프로토콜을 무엇으로 선택하느냐에 따라 망구조가 많이 달라지곤 했지만, 현재는 SIP 로 모두 통일되었습니다. 특히, Secure IP Telephony 를 강조하기 시작하면서 Trunk Side 도 SIP 으로 통일되었습니다.

5 장. SIP 의 개요

1. SIP 의 시작

SIP 프로토콜은 2000 년대 초반에 H.323 의 단점을 극복하기 위한 만들어졌습니다. 엔지니어들의 예상과는 달리 VoIP 시장에서 지배적인 프로토콜이 되기까지 오랜 시간이 걸렸습니다. 2018 년 현재 SIP 는 가장 인기있는 VoIP 프로토콜이며 모든 장비 제조사들이 SIP 를 기본으로 제품을 생산합니다. 특히, Secure IP Telephony 가 일반화 되면서 H.323 의 보안 프로토콜인 H.235 의 복잡성으로 인해 SIP 로 빠르게 전환되었습니다.

SIP 는 Session Initiation Protocol 의 약자로 '세션 설정 프로토콜' 입니다. SIP 는 RFC 3261 로 권고되었으며, 하나 또는 그 이상의 참가자와 멀티미디어 세션의 생성, 변경, 종료에 대한 응용 계층의 프로토콜입니다.

인터넷에서 세션은 폭넓은 의미로 사용되지만 SIP 에서 세션은 다음과 같습니다.

- Internet multimedia conferences (다자간 회의)
- Internet telephone calls (음성 전화)
- Internet video sessions (영상 전화)
- Subscriptions and Notifications for Events (이벤트 신청 및 통지)
- Publications of State (상태 정보 배포)

2. SIP 패킷 구조

SIP 의 특징을 이해하기 위해 메시지를 송수신하는 패킷의 구조를 살펴봅니다.

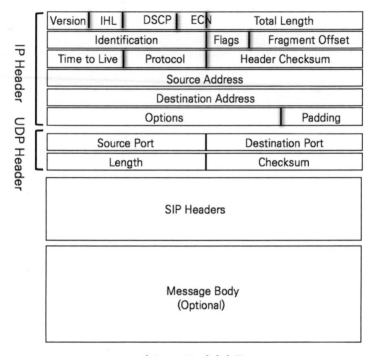

<그림 5-1> SIP 헤더의 구조

　SIP 메시지는 가변 길이의 텍스트로 만들어지며 SIP 헤더와 메시지 바디로 구성됩니다. SIP 헤더는 편지의 봉투와 같은 내용을 담고 있으며 뒤에 올 메시지 바디의 종류를 표시합니다. 메시지 바디는 옵션 필드로 있을 수도 있고 없을 수도 있습니다.

　SIP 가 사용하는 전송 프로토콜 (Transport Layer)은 TCP (Transport Control Protocol) 또는 UDP (User Data Protocol)입니다. 보통은 UDP 를 주로 사용하지만 현재는 TCP 를 더 많이 사용합니다. SIP 는 5060 과 5061 포트를 이용합니다.

3. SIP 주요 컴포넌트

SIP 프로토콜이 멀티미디어 통신을 위한 호를 생성 및 종료하기 위해서는 다음의 5 가지 기능 (Functionality)이 필요하며, SIP 컴포넌트에서 구현됩니다.

- 사용자 위치 (User Location) :
  통신에 참가할 단말을 결정
- 사용자 이용 가능성 (User Availability) :
  통신에 참여할 착신 측의 통화 가능 여부를 결정
- 사용자 능력 (User Capabilities) :
  통신 간에 사용될 미디어 및 미디어 파라미터를 결정
- 세션 설정 (Session Setup) :
  착신 측 및 송신 측에 세션 파라미터 생성
- 세션 관리 (Session Management) :
  세션의 종료 및 전환, 세션 파라미터 변경, 부가 서비스 연동

RFC 3261 에 정의된 SIP 주요 컴포넌트를 살펴봅니다.

- UA (User Agent)
  UA 는 UAC (UA Client)와 UAS (UA Server)의 기능을 수행하는 단말입니다. UAC 는 세션을 시작하는 역할로 통화를 시도하는 기능이고, UAS 는 세션을 종단하는 역할로 통화를 받는 기능을 합니다. UA 는 다른 UA 와 직접 연결을 설정하거나 Proxy / Redirect Server 들의 도움으로 다른 UA 와 연결을 설정할 수 있습니다. 통화 중인 호의 상태를 실시간으로 관리합니다. 간단히 말해서, UA 는 SIP

전화기이거나 SIP 소프트 폰입니다. SIP 컴포넌트들은 호마다 UAC 의 역할을 하거나 UAS 의 역할을 하지만, SIP Proxy 는 호를 종단하지 않고 릴레이 하므로 UAC 나 UAS 의 역할을 수행하지 않습니다

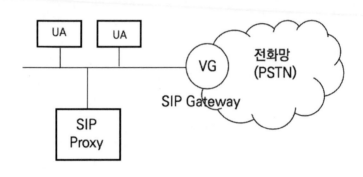

<그림 5-2> SIP 컴포넌트

· SIP Gateway

Gateway 는 관문이라는 뜻으로 서로 다른 이기종 망을 연결하는 장비입니다. SIP Gateway 는 PSTN 전화망과 IP 네트워크를 서로 연결해 주는 역할 합니다.

SIP 를 지원하는 UA 인 전화기가 두 대가 있습니다. SIP 전화기가 상대방의 IP 주소를 정확히 알고 있거나, 전화번호와 IP 주소가 매핑된 테이블을 가지고 있다면 상호 간에 통화가 가능합니다. 전화기가 두 대가 아닌 수천 대일 경우를 생각해 봅시다. 모든 전화기가 전화번호와 IP 주소 매핑 테이블을 가지고 있으면 통화가 가능하겠지만, 현실적으로는 불가능합니다. 전화기가 컴퓨터 수준의 성능을 발휘해야 하고 사용자가 전화기의 IP 주소가 바뀔 때마다 업데이트를 해야 하기 때문

입니다. 이런 관리적인 요소를 해결할 수 있는 방법은 별도의 서버가 전화번호와 IP 주소 매핑 테이블을 가지고 있고 모든 전화기들이 IP 주소가 변경될 때마다 서버에 자동으로 업데이트를 합니다. 전화기는 통화를 시도하고자 할 때마다 서버에게 IP 주소를 물어봅니다. 이런 관리적인 요소들을 구분하기 위해 서버를 기능적으로 구분합니다.

· Registrar Server (등록 서버)

SIP 전화기는 부팅할 때 자신이 획득한 IP 주소 또는 SIP URI 정보를 등록 서버에 업데이트합니다. 전화기는 SIP REGISTER 메시지를 등록 서버에 보내어 정보를 업데이트합니다. 등록 서버는 저장된 정보를 바탕으로 Proxy Server 로부터 요청에 응답하지만 SIP 메시지를 직접 처리하지는 않습니다. 등록 서버의 기능을 이용하여 Presence (상태 정보)의 정보를 생성합니다.

· Proxy Server

Proxy Server 는 전화기(UA)로부터의 수신한 접속 요청 메시지를 추가 변경 삭제할 수 있습니다. 전화기가 1001 전화번호로 통화를 시도하는 SIP INVITE 메시지를 SIP Proxy 서버로 전송하면, Proxy Server 는 등록 서버에 1001 의 IP 주소를 문의한 후에 1001 전화기로 메시지를 전달합니다. 또한, 과금(billing)을 위한 CDR (Call Detail Record) 정보 등을 생성합니다.

· Redirect Server

Proxy Server 는 통화 연결을 위한 SIP INVITE 메시지를 목적지로 직접 전달해주는 것과 달리 Redirect Server 는 메시지를 전송한

UAC로 목적지를 3xx redirect 메시지로 전송합니다. Redirect 메시지를 받은 UAC는 수신한 목적지 주소를 가지고 새로운 세션을 열어서 통신을 시도합니다.

통신 사업자들과 같은 대규모 VoIP 망을 지원하는 소프트 스위치는 Registrar Server, Proxy Server, Redirect Server가 각기 따로 구현하기도 하지만, 기업용 IP PBX는 한 서버에 모두 구현합니다. 따라서, VoIP 엔지니어들은 IP PBX 내에서 각 컴포넌트를 따로 구분하지 않습니다.

4. B2BUA의 이해

SIP는 UA (User Agent) 간의 통신으로 클라이언트 서버 기반 프로토콜로 UAC (User Agent Client)와 UAS (User Agent Server) 간 통신을 다룹니다. SIP Proxy는 옵션 장비로 다수의 UA 간의 통신을 편리하게 해주는 역할을 수행하지만, UA가 보내는 SIP 메시지 전체를 수정 변경 삭제할 수 없고, 특정 헤더를 삽입하거나 제한된 수정이 가능합니다. 따라서, SIP Proxy는 기업에서 사용되는 수많은 부가 기능을 구현하거나 서로 다른 프로토콜 간 연동을 하기 위해서는 부족한 장비입니다.

따라서, IP PBX는 SIP Proxy가 제공하는 것보다 더 많은 부가 기능, 직접적인 코덱 협상, CAC, VoIP 프로토콜 간 상호 연동 등의 기능을 수행하기 위해 B2BUA로 개발된 경우가 많습니다. B2BUA는 Back-to-Back User Agent의 준말입니다.

B2BUA 가 구현된 IP PBX 와 SIP Proxy 로 구현된 IP PBX 의 차이점은 다이얼로그 구성에서 차이가 납니다. B2BUA 가 구현된 IP PBX 는 발신 전화기와 IP PBX 간의 다이얼로그를 만들고, IP PBX 와 착신 전화기 간에 다이얼로그를 만듭니다. 하나의 호에 대해 두 개의 다이얼로그를 생성합니다. SIP Proxy 로 구현된 IP PBX 는 발신 전화기에서 시작하여 IP PBX 를 거쳐 착신 전화기 간의 다이얼로그가 하나로 구성됩니다. 따라서, B2BUA 로 구현된 IP PBX 는 SIP 메시지의 헤더와 바디 부분을 변경할 수 있으므로 다양한 부가 기능을 구현할 수 있고, SIP 로 들어온 호를 H.323 으로 변경도 가능하여 이기종 프로토콜 연동이 용이합니다. 또한, LAN 상에서는 G.722 코덱을 사용하고, WAN 구간에서는 G.729 코덱을 사용하도록 대역폭 관리 및 정책 설정이 용이합니다.

일반적으로 기업들은 B2 BUA 로 구현된 IP PBX 를 선호하고, 대용량을 처리해야 하는 통신 사업자들은 SIP Proxy 로 구현된 소프트스위치를 선호합니다.

5. SIP 의 친구들

SIP 는 시그널링 프로토콜로 완전한 하나의 호를 생성 및 종료하기 위해서는 SIP 를 도와주는 친구 프로토콜이 있습니다. 실제 음성이나 영상을 전달하기 위한 Real-time Transport Protocol (RTP) & Real-time Transport Control Protocol (RTCP)와 세션 설정을 위한 세부 속성 파라미터를 제공하는 Session Description Protocol (SDP)입니다.

6 장. 기본적인 SIP Call Flow 의 이해

1. 요청과 응답 프로토콜

　SIP 는 Client/Server 프로토콜이면서 요청과 응답 (Request / Response) 프로토콜입니다. SIP 는 세션에 대한 제어 요청과 응답으로 트랜잭션을 진행합니다. 결국, SIP 호 설립 절차를 이해하는 것은 요청과 응답의 과정을 이해하는 것입니다.

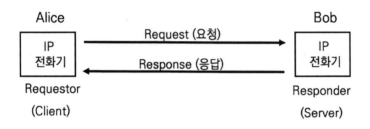

<그림 6-1> 요청과 응답

2. 요청을 위한 14 개의 SIP Method

　SIP 의 요청(Request) 메시지를 매쏘드 (Method)라고 하고, RFC 3261 에는 6 개의 기본 메쏘드가 정의되어 있습니다.

· INVITE
　멀티미디어 세션에 참가시키기 위한 서비스 또는 사용자를 초대하기 위한 매쏘드

· ACK

ACKnowledgement 의 준말

INVITE 메쏘드에 대한 최종 응답인 200 OK 를 수신했음을 통지

ACK 는 별도의 응답을 받지 않음

· BYE

기존의 세션을 종료하기 위한 매쏘드

· CANCEL

최종 응답 200 OK 를 받기 전 기존 요청을 취소하기 위한 매쏘드

· OPTIONS

서버의 Capability 를 요청하기 위한 매쏘드

· REGISTER

User Agent 가 Registrar Server 에 등록하기 위한 매쏘드

멀티미디어 세션 관리 및 부가 서비스를 위해 8 개의 메쏘드가 별도의 IETF 의 RFC 문서로 정의되었습니다.

· INFO (RFC 2976)

기존의 설립된 세션 또는 다이얼로그 내에서 추가적인 정보를 전송하기 위한 매쏘드

· PRACK (RFC 3262)

UAC (User Agent Client)가 임시적으로 Response 를 승인하기 위한 매쏘드

· SUBSCRIBE (RFC 3265)
  특정 이벤트를 원격 노드에 요청하기 위한 매쏘드

· NOTIFY (RFC 3265)
  특정 이벤트 발생 시 응답하기 위한 매쏘드

· UPDATE (RFC 3311)
  세션 설정 파라미터를 업데이트하기 위한 매쏘드

· MESSAGE (RFC 3428)
  채팅과 같은 단문 메시지를 (IM, Instant Messaging)을 전달하기 위한 매쏘드

· REFEER (RFC 3515)
  호 전환 (Call Transfer)을 하기 위한 매쏘드

· PUBLISH (RFC 3903)
  Presence Server 에 UA 의 상태 정보를 전송하기 위한 매쏘드

SIP 는 RFC 3261 에 정의된 기본 6 개의 메쏘드와 추가 8 개의 메쏘드를 합쳐 총 14 개의 메쏘드를 사용합니다. SIP 메쏘드만 잘 이해하면 SIP 호를 쉽게 분석할 수 있습니다.

3. 응답의 유형

요청에 대한 응답은 세 가지 유형으로 구분됩니다.

· Accept (승인)
  요청의 처리를 승인하고, 결과로 200 OK 를 송신

· Reject (거절)
  요청의 처리를 거절하고, 거절의 원인을 송신

· Redirect (재송신 요청)
  요청의 처리를 보류하고, 요청을 재송신할 다른 주소를 송신

엔지니어들이 가장 좋아하는 응답은 200 OK 입니다. Reject 는 거절 사유에 따라 SIP Response 가 별도로 규정되어 있습니다.

4. 기본적인 SIP 호 설립 절차

RFC 문서에서 앨리스와 밥이 항상 통화합니다. 우리도 앨리스와 밥의 전화 통화를 기술적으로 정리합니다. 여기서 앨리스가 밥에게 통화하는 과정을 SIP 요청과 응답을 기반으로 생각해 봅니다.

"앨리스는 수화기를 들고 밥의 전화번호를 다이얼링 하는 순간 앨리스의 전화기는 SIP INVITE 메쏘드로 세션 설립 요청을 밥의 전화기로 보냅니다. 밥의 전화기는 요청에 대한 처리의 결과로 벨을

울리기 시작하고 앨리스에게 링백톤(Ring back tone)을 전송합니다.
밥이 벨 소리를 듣고 수화기를 드는 순간 밥의 전화기는 200 OK 를
송신합니다. 앨리스의 전화기는 링백톤 생성을 중지한 후 200 OK 를
수신했음을 확인하는 ACK 메쏘드를 송신합니다."

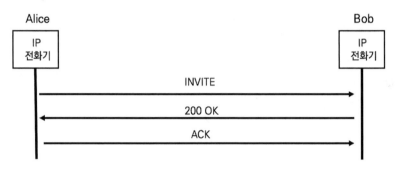

<그림 6-2> 단순한 SIP Call Flow

호가 설립되는 과정을 SIP Call Flow, 호 프로시저 또는 호 절차라고
부릅니다. INVITE 와 ACK 는 SIP 메쏘드이며, 200 OK 는 INVITE 에
대한 최종 응답입니다. 위의 그림은 필수 SIP 메쏘드 및 응답만으로
이루어진 SIP 세션 설립 절차이므로 모든 SIP 세션 설립에 반드시
포함됩니다.

특히, INVITE, 200 OK, ACK 의 교환 과정을 SIP 세션 설정을 위한
"three-way handshake"라고 합니다. TCP 3-way Handshake 가
SYN, SYN/ACK, ACK 를 교환으로 TCP 세션 설립을 완료하듯이
SIP 도 INVITE, 200 OK, ACK 를 교환하면서 세션 설립을 완료합니다.

5. 실제 사용되는 SIP 호 설립 절차

SIP 세션을 설립하기 위한 3-way Handshake에 사용되는 INVITE, 200 OK, ACK는 필수 메시지입니다. 실제 호 절차에서는 옵션 메시지인 100 Trying 응답과 180 Ringing 응답을 함께 사용합니다. 100 Trying 응답은 SIP INVITE를 수신하여 처리하는 중임을 나타내며, 180 Ringing 응답은 착신 전화기의 벨이 울리고 있으니 링백톤을 재생하거나 컬러링과 같은 음 수신을 준비하라는 의미를 나타냅니다.

앨리스가 밥에게 전화하는 과정에서 두 가지 응답을 위한 프로시저를 추가합니다.

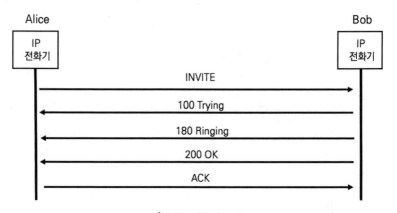

<그림 6-3> SIP Call Flow

"앨리스는 수화기를 들고 밥의 전화번호를 다이얼링 하는 순간 앨리스의 전화기는 SIP INVITE 메쏘드로 세션 설립 요청을 밥의 전화기로 보냅니다. 밥의 전화기는 요청을 정상적으로 수신했음을

알리기 위해 100 Trying 응답을 전달하고 벨을 울리기 시작한 후 180 Ringing 을 앨리스에게 링백톤(Ring back tone)을 전송합니다. 밥이 벨 소리를 듣고 수화기를 드는 순간 밥의 전화기는 200 OK 를 송신합니다. 앨리스의 전화기는 링백톤 생성을 중지한 후 200 OK 를 수신했음을 확인하는 ACK 메쏘드를 송신합니다."

즉, 밥의 전화기는 SIP INVITE 를 수신하자마자 100 Trying 을 송신하고, 전화기에서 벨 소리를 생성하자마자 180 Ringing 을 송신합니다. IVR 이나 음성사서함 등의 SIP 시스템과 시스템 간의 연결시에는 180 Ringing 이 생략되기도 하지만, 거의 모든 SIP 세션 설립에 필수적으로 포함됩니다.

6. SIP 호 종료 절차

통화 중 한 사람이 수화기를 내려놓으면, BYE 요청이 송신되고 상대방의 전화기가 200 OK 로 응답하면서 세션이 종료됩니다.

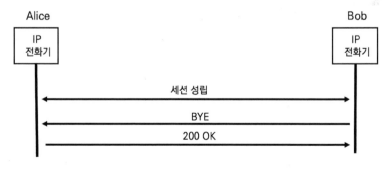

<그림 6-4> SIP 세션 종료 절차

7. ISDN Q.931 와 SIP 호 절차 비교

요즘은 Voice Gateway 와 IP PBX 간에 SIP Trunk 를 많이 구현하므로 ISDN E1 PRI 의 Q.931 호 절차와 SIP 의 호 절차를 비교하는 경우가 많습니다. ISDN Q.931 시그널링의 SETUP 메시지는 SIP INVITE 와 대응되는 것처럼 각 메시지는 상호 대응되는 관계입니다.

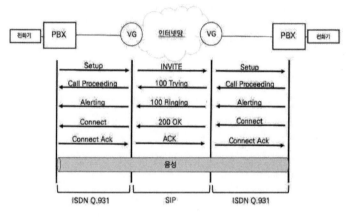

<그림 6-5> ISDN Q.931 과 SIP 세션 설립 절차

엔지니어는 ISDN Q.931 과 SIP 의 세션 설립 및 종료 절차는 반드시 숙지해야 합니다. 장애 처리나 이기종 간 연동을 위해 SIP 메시지를 디버깅할 때 반드시 필요합니다. SIP 를 공부하는 엔지니어라면 와이어샤크로 SIP 메시지를 캡처하여 호 설립 절차를 살펴봐야 합니다. 가장 좋은 공부 방법은 책을 여러 번 보는 것보다 직접 분석해 보는 것입니다.

7 장. 주요 SIP 헤더의 이해

1. SIP 헤더 분석을 해야 하는 이유

SIP 호 절차를 정확히 이해하기 위해서는 SIP 메시지에 포함된 SIP 헤더의 의미를 파악해야 합니다. 어떤 엔지니어들은 설치 가이드를 따라 IP 전화기를 IP PBX 에 등록한 후 통화가 정상적으로 이루어지면 SIP 공부를 중단합니다. 누군가가 SIP 전화나 인터넷 전화의 원리를 물어보면 "저는 그냥 설치 가이드 대로 하니까 되더라고요" 라는 대답을 합니다. 일반 사용자와 엔지니어의 차이는 원리와 표준을 알고 있는 지로 나뉩니다. 이 글은 바로 SIP 의 동작 원리가 궁금한 엔지니어를 위한 것입니다.

특히, 이기종 장비 간 SIP Trunk 연동을 할 경우 SIP 패킷을 수집하여 분석하는 과정이 필요합니다. SIP 헤더를 이해하지 못하면 수집된 패킷은 난해한 암호문일 뿐입니다. 또한, 개발자와 엔지니어들이 SIP 헤더에 대해 논의를 하지 못한다면 좋은 해결책을 제시할 수 없습니다.

2. SIP 주소 체계

PSTN 전화망은 E.164 주소 체계를 사용하고, 인터넷 망은 IP 주소 체계를 사용합니다. 사람들은 전화번호인 E.164 주소 체계에는 익숙하지만, 32 비트의 IP 주소 체계는 어색하게 느낍니다. 그래서, 사람들은 인터넷 웹브라우저로 유튜브나 네이버에 접속하기 위해 IP 주소보다는 www.youtube.com 이나 www.naver.com 과 같은 도메인 네임 주소 체계를 이용합니다. 이메일의 주소 체계도 기억하기 쉬운 도메인 네임 체계를 씁니다.

SIP 는 처음부터 다양한 환경에서 사용할 수 있도록 여러 가지 주소체계를 지원합니다.

· FQDN (Fully-Qualified Domain Names)
  웹브라우저에서 입력하는 도메인 주소 체계
  도메인의 앞자리에 사용자명 또는 단말기의 호스트 명 사용
  예) sip:bob.cisco.com 또는 sip:alice.abc.com

· URI (Unified Resource Identifier)
  RFC2368 The mailto URL Scheme 에 정의된 주소체계
  이메일 주소 체계
  웹브라우저에서 쓰는 URL (Unified Resource Locator) 주소 체계
  예) sip:bob@cisco.com 또는 sip:alice@abc.com

· E.164 주소를 포함한 URI 주소 체계
  사용자 이름 부분에 전화번호를 사용하는 URI 주소
  예) sip:14085551234@cisco.com; user=phone 또는
      sip:1001@abc.com; user=phone

· IP 주소를 포함한 URI 주소체계
  도메인 네임 부분에 IP 주소를 사용하는 URI 주소
  예) sip:14085551234@10.1.1.1; user=phone 또는
      sip: alice@10.1.1.1

2018 년 현재는 SIP 와 H.323 단말들 모두 다양한 형태의 URI 주소 체계를 지원합니다. 그러나 특별한 경우가 아니라면 사람들이 이해하기 쉬운 alice@abc.com 이나 1000@abc.com 과 같은 URI 주소 체계를 가장 많이 사용합니다. DNS (Domain Name Server)가 SRV (Service) 레코드를 지원하면서 전 세계 호 제어 서버 간 연결이 가능해졌기 때문입니다. SRV 레코드는 DNS 요청에 특정 프로토콜이나 서비스가 대한 정보를 제공합니다. 예를 들어, 이메일 서버가 SMTP 프로토콜로 bob@abc.com 으로 메일을 보내기 위해 abc.com 기업의 IP 주소를 요청하면 이메일 서버의 IP 주소를 알려줍니다. SIP Proxy 서버가 SIP 프로토콜로 bob@abc.com 으로 통화하기 위해 abc.com 기업의 IP 주소를 요청하면 SIP Proxy 서버의 IP 주소를 알려줍니다.

전화망은 KT 와 같은 통신 사업자를 거쳐야만 다른 기업이나 전화기로 통화가 가능합니다만, 인터넷 망은 DNS 서버의 주소만 알면 도메인 주소를 이용하여 전 세계 어디라도 전화 또는 영상 통화가 가능합니다. 물론, 클라우드 서비스에 가입하지 않았다면 방화벽을 투과하기 위한 장비들이 필요합니다.

3. 주요 SIP Header 분석

SIP 주소 체계를 이해하였으니 편지 봉투의 주소를 읽을 수 있게 되었습니다. 이제 SIP 주소를 헤더에 포함되는 정보는 다음과 같습니다.

```
INVITE sip:bob@biloxi.com SIP/2.0
Via: SIP/2.0/UDP pc33.atlanta.com;branch=z9hG4bK776asdhds
Max-Forwards: 70
To: Bob <sip:bob@biloxi.com>
From: Alice <sip:alice@atlanta.com>;tag=1928301774
Call-ID: a84b4c76e66710@pc33.atlanta.com
CSeq: 314159 INVITE
Contact: sip:alice@pc33.atlanta.com
Content-Type: application/sdp
Content-Length: 142
```

위의 SIP 헤더는 앨리스가 밥에게 보내는 SIP INVITE 메시지입니다. 위에 열거된 헤더는 기본적인 SIP 헤더이며 SIP 메쏘드에 따른 추가적인 헤더는 따로 설명합니다.

1) INVITE sip:bob@biloxi.com SIP/2.0

메시지의 첫 줄에는 Method 와 메시지를 수신하는 최종 단말의 주소와 버전이 명기됩니다. SIP Method 는 이 메시지의 목적이 무엇인지를 설명합니다. 첫 줄은 세 부분으로 되어 있습니다.

- INVITE : 요청한 메쏘드
- sip:bob@biloxi.com : Request URI (요청 메시지의 최종 목적지)
- SIP/2.0: 버전

Request-URI 는 일반적으로 To 필드의 URI 값을 참조하고, Biloxi.com 도메인에 있는 밥에게 전화를 걸기 위해 INVITE 요청을 보낸 것입니다.

2) Via: SIP/2.0/UDP pc33.atlanta.com;branch=z9hG4bK776asdhd

Via 헤더는 INVITE 요청에 대한 응답을 위한 경로를 나타냅니다. branch 는 시공간에서 유일한 값을 가지는 트랜잭션 식별자입니다. 트랜잭션은 호 설정 또는 호 종료와 같은 단위 작업을 의미하며 User Agent 간에 생성됩니다.

이 줄은 SIP INVITE 요청에 대한 응답인 200 OK 를 앨리스에게 바로 전송하지 말고 pc33.atlanta.com 을 경유할 것을 요청합니다.

3) Max-Forwards: 70

시그널링 경로 상에 SIP 서버의 최대 홉 수로 IP 네트워크의 TTL (Time to Live)과 같습니다.

4) To: Bob <sip:bob@biloxi.com>

SIP 트랜잭션의 목적지를 나타내지만, 실제 SIP 메시지의 라우팅에 사용되지 않으며 Display Name 의 의미를 가집니다.

5) From: Alice <sip:alice@atlanta.com>;tag=1928301774

SIP 트랜잭션의 출발지를 나타내지만, 실제 SIP 메시지의 라우팅에 사용되지 않으며 Display Name 의 의미를 가집니다.

To 헤더와 From 헤더를 통해 앨리스가 밥에게 세션 설립을 요청하는 다이얼로그라는 것을 알 수 있습니다. From 과 To 헤더는 현재 세션의 진행방향을 의미하는 것으로 현재 메시지의 발신자와 수신자를 의미하는 것이 아닙니다. 따라서 SIP INVITE 요청의 응답인 200 OK 메시지에서 From 과 To 헤더의 내용이 바뀌지 않습니다. From 과 To 헤더는 SIP 메시지의 라우팅에 관여하지 않으므로 잘못된 값을 가지더라도 세션 설립에 문제가 없지만, 보안이 강화되면서 From 과 To 헤더의 값이 올바르지 않을 경우 호가 취소되기도 합니다.

6) Call-ID: a84b4c76e66710@pc33.atlanta.com

세션에 대한 global unique identifier 로 사용하며, 호스트 네임 또는 IP address 와 시간을 조합하여 생성됩니다. To/ From/ Call-ID 가 결합으로 앨리스와 밥 간의 Pee-to-peer SIP 관계를 정의합니다. Call-ID 가 같을 경우 하나의 다이얼로그로 인식하므로 세션의 설립과 종료 사이의 모든 SIP 메시지는 동일한 Call-ID 를 가집니다.

SIP 패킷 수집 시 다수의 호가 섞여 있더라도 Call-ID 를 기준으로 필터링을 하면 호별로 분석이 가능합니다. 다이얼로그는 다수의 트랜잭션으로 이루질 수 있고, 각 트랜잭션의 식별은 Via 헤더의 branch 값으로 추적합니다. 다이얼로그의 식별은 Call-ID 와 From 및 To 의 Tag 로 추적합니다.

7) CSeq: 314159 INVITE

Command Sequence 또는 Sequence Number 는 정수와 메쏘드 이름으로 나타냅니다. 새로운 요청을 생성할 때마다 1 씩 증가합니다. 이 요청에 대한 응답인 200 OK 에서도 같은 값을 확인할 수 있습니다. 하나의 트랜잭션인 요청과 응답은 같은 CSeq 값을 가집니다.

8) Contact: <sip:alice@pc33.atlanta.com>

Contact 헤더는 요청을 보낸 사용자에 대한 직접적인 경로를 나타내며, FQDN (Fully qualified domain name)나 IP 주소를 선호합니다.

Via 헤더 필드가 요청에 대한 응답 경로를 나타내고, Contact 헤더 필드는 새로운 요청을 송신할 경로를 나타냅니다. 예를 들어, INVITE 요청에 대한 응답은 Via 헤더 필드를 참조하고, 호를 종료하기 위한 BYE 요청은 Contact 헤더를 참조합니다.

9) Content-Type: application/sdp

SIP 메시지 바디가 포함될 경우 메시지 바디의 타입을 정의합니다. application/sdp 이므로 SIP 메시지 바디는 SDP 메시지로 구성되었습니다.

10) Content-Length: 142

메시지 바디의 크기를 바이트로 표시합니다. 메시지 바디가 142 바이트로 되어있다고 표시합니다.

8 장. 기본 SIP Call Flow 의 이해

1. SIP 헤더 분석하기 - SIP Proxy 가 없는 경우

주요 SIP 헤더를 기준으로 SIP 호 절차를 분석해 보겠습니다. 실제 현장에서 구현하는 사례는 아니지만, SIP 메시지를 이해하기 쉽도록 단순화했습니다. IP PBX 나 SIP Proxy 에 등록되지 않은 SIP 전화기 두 대가 SIP 세션 설립하는 과정을 분석해 봅니다. 앨리스의 전화기는 밥의 전화기의 IP 주소를 사전에 알고 있다고 가정합니다.

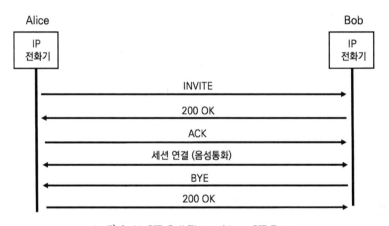

<그림 8-1> SIP Call Flow without SIP Proxy

1) INVITE

앨리스가 수화기를 들고 밥의 전화번호를 누르는 순간 INVITE 메시지가 전송됩니다.

> INVITE sip:bob@192.168.10.20 SIP/2.0
> Via: SIP/2.0/TCP pc33.atlanta.com;branch=z9hG4bK776asdhds

```
Max-Forwards: 70
To: Bob sip:bob@biloxi.com
From: Alice <sip:alice@atlanta.com>;tag=1928301774
Call-ID: a84b4c76e66710@pc33.atlanta.com
CSeq: 314159 INVITE
Contact: sip:alice@pc33.atlanta.com
Content-Type: application/sdp
Content-Length: 142
```

From 헤더와 To 헤더에서 알 수 있듯이 앨리스가 밥에게 보내는 다이얼로그입니다. Via 헤더는 INVITE 요청에 대한 응답은 pc33.atlanta.com 로 전송하라고 되어 있습니다. 아마도 앨리스는 자신의 pc33 에서 SIP 통화를 시도한 것으로 보입니다. CSeq 헤더의 값이 314159 번이므로 응답도 같은 Cseq 번호를 사용할 것입니다. Content-Type 헤더는 SIP 메시지 바디에 SDP 메시지를 포함하고 있다고 알려 줍니다.

2) 200 OK

밥의 전화기는 INVITE 를 수신 후에 벨 소리를 재생하고, 밥이 수화기를 드는 순간 200 OK 응답이 앨리스에게 전달됩니다.

```
SIP/2.0 200 OK
Via: SIP/2.0/TCP pc33.atlanta.com;
branch=z9hG4bKnashds8;received=10.1.3.33
To: Bob <sip:bob@biloxi.com>;tag=a6c85cf
From: Alice <sip:alice@atlanta.com>;tag=1928301774
Call-ID: a84b4c76e66710@pc33.atlanta.com
CSeq: 314159 INVITE
Contact: sip:bob@192.168.10.20
Content-Type: application/sdp
Content-Length: 131
```

From 헤더와 To 헤더의 값이 바뀌지 않고 SIP INVITE 메시지의 헤더의 값이 동일합니다. 즉, From 헤더와 To 헤더는 각 메시지의 출발지와 목적지를 표시하는 것이 아니라 호의 진행방향을 표시합니다. CSeq 헤더는 INVITE 헤더의 값과 동일한 314159 INVITE 입니다. CSeq 는 SIP 패킷 캡처 시에 여러 호가 동시에 진행되더라도 어떤 요청에 대한 200 OK 응답인지를 분석할 수 있습니다.

Via 헤더의 값은 기존 INVITE 메시지의 헤더 값을 그대로 복사하였으며, 'received=10.1.3.33'이라는 필드를 추가하여 INVITE 메시지는 10.1.3.33 앨리스로부터 직접 받았다는 것을 명기하였습니다.

3) ACK

앨리스의 전화기가 200 OK 를 수신하였음을 확인하는 ACK 를 전송합니다

```
ACK sip:bob@192.168.10.20 SIP/2.0
Via: SIP/2.0/TCP pc33.atlanta.com;branch=z9hG4bKnashds8
Max-Forwards: 70
To: Bob <sip:bob@biloxi.com>;tag=a6c85cf
From: Alice <sip:alice@atlanta.com>;tag=1928301774
Call-ID:a84b4c76e66710@pc33.atlanta.com
CSeq: 314159 ACK
Content-Length: 0
```

CSeq 헤더의 값이 31459 이므로 앞의 200 OK 에 대한 ACK 임을 확인합니다.

4) BYE

BYE 세션은 발신자와 수신자 누구나 생성할 수 있습니다. 전화기의 혹 스위치에 수화기를 올려놓는 쪽에서 BYE 가 전송됩니다.

```
BYE sip:alice@10.1.3.33 SIP/2.0
Via: SIP/2.0/TCP 192.168.10.20;branch=z9hG4bKnashds8
Max-Forwards: 70
To: Alice <sip:alice@atlanta.com>;tag=1928301774
From: Bob <sip:bob@biloxi.com>;tag=a6c85cf
Call-ID: a84b4c76e66710@pc33.atlanta.com
CSeq: 231 BYE
Content-Length: 0
```

From 헤더와 To 헤더의 값에서 알 수 있듯이 세션 종료 절차의 진행 방향은 밥이 앨리스에게 요청하는 다이얼로그입니다. 즉, 수화기를 내려놓은 사람은 밥입니다. 세션 종료 절차는 새롭게 시작하는 다이얼로그이자 트랜잭션이므로 CSeq 헤더의 값이 다릅니다.

5) 200 OK

CSeq 헤더의 값에 의해 BYE 에 대한 응답으로 확인합니다.

```
SIP/2.0 200 OK
Via: SIP/2.0/TCP 192.168.10.20
To: Alice <sip:alice@atlanta.com>;tag=1928301774
From: Bob <sip:bob@biloxi.com>;tag=a6c85cf
Call-ID: a84b4c76e66710@pc33.atlanta.com
CSeq: 231 BYE
Content-Length: 0
```

2. SIP 헤더 분석하기 – SIP Proxy 가 있는 경우

실제 네트워크에서 VoIP 나 IP Telephony 를 구축할 때는 SIP Proxy 서버나 IP PBX 가 존재합니다. IP PBX 는 제품에 따라 SIP

Proxy 서버로 구현하거나 B2BUA 서버로 구현됩니다. 우선, 두 대의 SIP 전화기들은 SIP REGISTER Method 를 통해 사전에 IP PBX 에 사전 등록되었다고 가정합니다. 앞에서 설명 부분을 제외하고 차이점을 위주로 설명합니다.

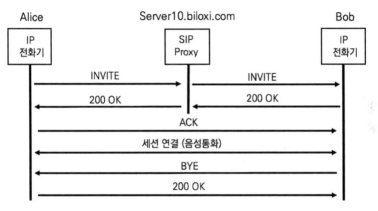

<그림 8-2> SIP Call Flow with SIP Proxy

1) INVITE (앨리스가 SIP Proxy 서버로 보냄)

앨리스의 전화기는 밥의 전화기의 IP 주소를 알지 못하므로 INVITE 메시지를 SIP Proxy 서버로 전송합니다.

```
INVITE sip:bob@biloxi.com/TCP SIP/2.0
Via: SIP/2.0/TCP pc33.atlanta.com;branch=z9hG4bK776asdhds
Max-Forwards: 70
To: Bob sip:bob@biloxi.com
From: Alice <sip:alice@atlanta.com>;tag=1928301774
Call-ID:a84b4c76e66710@pc33.atlanta.com
CSeq: 314159 INVITE
Contact: sip:alice@pc33.atlanta.com
```

```
Content-Type: application/sdp
Content-Length: 142
```

앨리스가 밥에게 보내는 SIP INVITE 메시지는 SIP Proxy 서버가
없을 때와 마찬가지로 동일합니다.

2) INVITE (SIP Proxy 서버가 밥에게 보내는 것)

SIP Proxy 서버는 앨리스로 받은 INVITE 메시지를 Request-
URI에 적힌 밥의 주소로 전달합니다. 여기서 SIP Proxy 서버는 Via
헤더를 추가하고 Max-Forwards 헤더를 수정하였습니다.

```
INVITE sip:bob@192.168.10.20/TCP SIP/2.0
Via: SIP/2.0/TCP server10.biloxi.com;branch=z9hG4bK4b43c2ff8.1
Via: SIP/2.0/TCP pc33.atlanta.com;branch=z9hG4bK776asdhds;
received=10.1.3.33
Max-Forwards: 69
To: Bob sip:bob@biloxi.com
From: Alice <sip:alice@atlanta.com>;tag=1928301774
Call-ID:a84b4c76e66710@pc33.atlanta.com
CSeq: 314159 INVITE
Content-Type: application/sdp
Content-Length: 142
```

추가된 Via 헤더의 값은 SIP Proxy 서버의 주소를 나타내며,
INVITE 요청의 응답인 200 OK 가 SIP Proxy 서버를 경유할 것을
요청합니다. 만일 밥의 200 OK 응답이 SIP Proxy 서버를 경유하지
않고 바로 앨리스에게 전달된다면, SIP Proxy 서버는 호의 진행 상태
를 알 수 없습니다. 또한, 앨리스가 보낸 Via 헤더에는 'received=
10.1.3.33'이라는 값을 추가하여 메시지를 수령한 곳을 명기하였습
니다.

Max-Forwards 헤더의 값이 70에서 에서 69로 줄었습니다. 한 개의 SIP 서버를 지날 때마다 1씩 줄어듭니다. CSeq 와 Call-ID 는 변경되지 않았으므로 SIP 호 설립 절차가 하나 의 다이얼로그로 진행됩니다. SIP Proxy 서버는 제한적으로 메시지 를 추가 또는 삭제할 수는 있어도 새로운 세션을 생성하지 않습니다. B2BUA 로 구현된 PBX 라면 새로운 다이얼로그를 생성하기 위해 값을 변경하였을 것입니다.

3) 200 OK (밥이 SIP Proxy 서버로 보내는 것)

밥은 200 OK 응답을 INVITE 메시지의 Via 헤더가 가리키는 SIP Proxy 서버의 주소로 전송합니다.

```
SIP/2.0 200 OK
Via: SIP/2.0/TCP server10.biloxi.com;branch=z9hG4bK4b43c2ff8.1 ;
received=192.168.10.1
Via: SIP/2.0/TCP pc33.atlanta.com; branch=z9hG4bKnashds8 ;
received=10.1.3.33
To: Bob <sip:bob@biloxi.com>;tag=a6c85cf
From: Alice <sip:alice@atlanta.com>;tag=1928301774
Call-ID:a84b4c76e66710@pc33.atlanta.com
CSeq: 314159 INVITE
Contact: sip:bob@192.168.10.20
Content-Type: application/sdp
Content-Length: 131
```

두 개의 Via 헤더는 INVITE 메시지에 있던 두 개의 Via 헤더를 그대로 복사하여 추가하였고, SIP Proxy 서버가 추가한 헤더에 SIP Proxy 서버의 주소를 'received=192.168.10.1' 필드로 추가하였습니다.

4) 200 OK (SIP Proxy 서버가 앨리스로 보내는 것)

SIP Proxy 서버는 밥으로부터 받은 200 OK 메시지에서 자신이 추가했던 Via 헤더를 삭제한 후 앨리스에게 전송합니다.

```
SIP/2.0 200 OK

Via: SIP/2.0/TCP pc33.atlanta.com;branch=z9hG4bKnashds8;
received=10.1.3.33
To: Bob <sip:bob@biloxi.com>;tag=a6c85cf
From: Alice <sip:alice@atlanta.com>;tag=1928301774
Call-ID: a84b4c76e66710@pc33.atlanta.com
CSeq: 314159 INVITE
Contact: sip:bob@192.168.10.20
Content-Type: application/sdp
Content-Length: 131
```

5) ACK (앨리스가 밥에게 직접 보내는 것)

앨리스의 전화기는 밥의 200 OK 를 정확히 수신했음을 확인하는 ACK 를 밥의 전화기로 직접 보냅니다. ACK 는 새로운 요청 이자 다이얼로그이므로 밥이 보낸 200 OK 메시지의 Contact 헤더의 주소로 전달됩니다. 세부 내용은 중복이므로 생략합니다.

3. 모든 SIP 메시지를 SIP Proxy 서버를 경유하게 하기

정리하면 SIP Proxy 서버는 INVITE 요청에 대한 200 OK 응답이 자신을 경유하도록 Via 헤더를 추가하고, ACK 를 포함한 신규 요청은 Contact 헤더를 참조합니다.

기업의 IP PBX 또는 SIP Proxy 는 호의 상태를 관리하고 과금 데이터를 생성할 목적으로 모든 시그널링이 자신을 경유하도록 설계됩니다. 예를 들어, SIP Proxy 서버가 있는 호 설립 절차에서 ACK 가 SIP Proxy 서버를 경유하지 않았으니 SIP Proxy 서버는 호가 정상적으로 완료되었는 지를 알 수 없습니다. 또한, 앨리스나 밥 중에 누군가가 BYE 메시지를 전송하더라도 SIP Proxy 서버는 호가 정상적으로 종료되었는 지를 알지 못합니다. 즉, 현재 상태에서 IP PBX 는 과금도 호의 상태 관리도 할 수 없습니다.

　B2BUA 가 아닌 SIP Proxy 서버가 등록된 모든 단말의 모든 시그널링이 자신을 경유 되도록 하기 위해서는 새로운 방법이 필요합니다. 다시 말해서, 모든 시그널링 메시지가 SIP Proxy 서버를 경유하도록 하기 위해 호의 설립 절차의 시작인 INVITE 메시지가 SIP Proxy 서버를 경유할 때 SIP Proxy 서버는 새로운 SIP 헤더를 추가해야 할까요? 아니면 기존 SIP 헤더를 변경만 해도 충분할까요?

9 장. Route 헤더와 Record-Route 헤더의 이해

1. 모든 SIP 메시지가 SIP Proxy 서버를 경유하게 하기

기업의 IP PBX 또는 SIP Proxy 는 호의 상태를 관리하고 과금 데이터를 생성하기 위해 모든 시그널링이 자신을 경유하게 합니다. 모든 SIP Proxy 서버는 이렇게 동작하며, Dialog Stateful SIP Proxy 라고 부릅니다. SIP 프로토콜은 새롭게 두 개의 SIP 헤더를 추가하여 이 문제를 해결합니다.

1) Record-Route Header

Record-Route 헤더는 SIP Proxy 를 경유하는 다이얼로그에 대한 요청과 응답에 사용합니다. 여러 대의 SIP Proxy 를 경유할 경우에는 ', '를 이용하여 추가합니다. 예를 들어, Record-Route: server. biloxi.com 또는 Record-Route: server10.biloxi.com, box3.atlanta. com 처럼 사용합니다.

2) Route Header

Route 헤더는 응답 메시지의 Record-Route Header 로부터 생성됩니다. 같은 다이얼로그 내의 첫 번째 Transaction 이 완료되면 그 이후 트랜잭션은 Record-Route Header 의 값을 복사하여 Route 헤더로 사용합니다. 다시 말해서 처음 INVITE 요청에 대한 200 OK 응답은 Record-Route 헤더를 사용하지만, 그 다음의 ACK 와 BYE 요청과 200 OK 응답은 Route 헤더를 사용합니다. Route 헤더도 Record-Route 헤더와 동일한 방식으로 사용합니다. 예를 들어, 'Route: server10.biloxi.com'로 사용합니다.

2. Record-Route 헤더와 Route Header 의 활용

앨리스의 전화기가 INVITE 메시지를 송신하면 SIP Proxy 는
Record-Route 헤더를 메시지에 삽입하여 밥에게 전송합니다. 통화
중인 앨리스와 밥의 전화기는 동일한 Call-ID 를 가진 다이얼로그
내의 모든 신규 요청을 SIP Proxy 로 전달합니다.

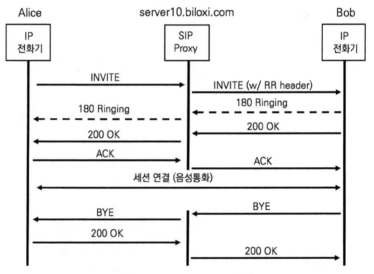

<그림 9-1> Record-Route 헤더

SIP Proxy 서버가 밥에게 보내는 SIP INVITE 를 보겠습니다. SIP
Proxy 서버는 'Record-Route : server10.biloxi.com'이라는 Record
-Route 헤더가 추가하였습니다.

INVITE sip:bob@biloxi.com/TCP SIP/2.0
Via: SIP/2.0/TCP server10.biloxi.com;branch=z9hG4bK4b43c2ff8.1

Via: SIP/2.0/TCP pc33.atlanta.com;branch=z9hG4bK776asdhds ;
received=10.1.3.33
Max-Forwards: 69
To: Bob sip:bob@biloxi.com
From: Alice <sip:alice@atlanta.com>;tag=1928301774
Record-Route: server10.biloxi.com
Call-ID: a84b4c76e66710@pc33.atlanta.com
CSeq: 314159 INVITE
Contact: <sip:alice@pc33.atlanta.com>
Content-Type: application/sdp
Content-Length: 142

SIP INVITE 메시지의 Record-Route 헤더의 값은 그대로 180 Ringing 과 200 OK 에 복사되어 전송합니다. ACK 는 세션 설립을 위한 마지막 메시지이므로 SIP Proxy 는 Route 헤더를 제거한 후에 밥에게 전송합니다.

호 종료를 위한 BYE 요청은 기존 다이얼로그의 Record-Route 헤더를 복사합니다. 밥의 전화기는 같은 다이얼로그 내의 신규 요청이므로 Record-Route 헤더의 정보를 바탕으로 BYE 요청을 SIP Proxy 로 전달합니다. BYE 의 응답인 200 OK 는 Via 헤더를 따라 전송됩니다. BYE 는 다이얼로그의 마지막 메시지이므로 Route 헤더가 있으나 없으나 상관없습니다.

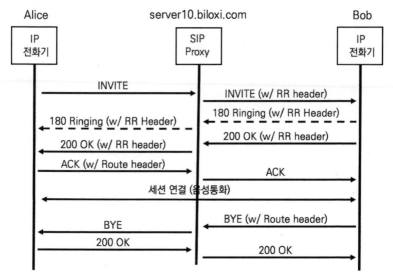

<그림 9-2> Record-Route 헤더

3. RFC 3261

SIP Protocol에 대해 정의한 RFC 3261 권고안은 6개의 메쏘드를
정의합니다. INVITE, ACK, BYE는 이미 살펴보았고, 나머지 3개는
REGISTER, CANCEL, OPTIONS 입니다. REGISTER는 SIP 전화기
가 사전 설정된 SIP RESTRA 서버에 등록을 요청하는 메쏘드이며,
CANCEL은 요청을 취소하기 위한 메쏘드이고, OPTIONS는 Cap-
ability를 확인하기 위한 메쏘드입니다. 다음 장에서 나머지 3개의
메쏘드에 대해 공부합니다.

10 장. SIP REGISTER 의 이해

1. REGISTER 의 개요

지금까지 SIP Proxy 가 등록된 모든 전화기들의 주소를 안다고 가정하였지만, 실제 SIP Protocol 은 어떻게 전화번호와 IP 주소 매핑 테이블을 만들 수 있는 지를 추적해 보겠습니다.

SIP 전화기의 수가 많을수록 SIP Proxy 서버나 IP PBX 를 이용한 중앙집중식 관리가 효과적입니다. 단말의 등록은 SIP REGISTRAR 서버의 역할이지만, 기업용 PBX 제품들은 SIP Proxy 와 SIP REGISTRA 서버를 논리적 기능의 차이이므로 같은 서버로 구현하고 차이를 두지 않습니다. 대규모 전개를 위한 통신 사업자용 소프트 스위치는 구분하기도 합니다.

전화기는 SIP Registrar 서버에 REGISTER 메쏘드를 이용하여 전송하면 SIP Registrar 서버는 200 OK 를 응답함으로써 등록이 이루어집니다.

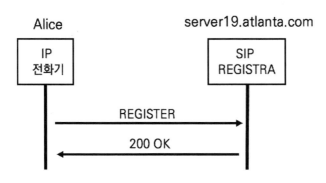

<그림 10-1> 전화기 등록 과정

등록 과정의 메시지를 분석해 보겠습니다.

1) REGISTER

앨리스의 전화기는 server19.atlanta.com 이라는 SIP REGISTRE
서버에 등록하기 위해 SIP REGISTER 메시지를 전송합니다.

```
REGISTER sip:server19.atlanta.com
SIP/2.0Via: SIP/2.0/TCP pc33.atlanta.com;branch=z9hG4bk2l55n1
To: Alice sip:alice@atlanta.com
From: Alice <sip:alice@atlanta.com>;tag=283074
Call-ID:a84b4g96te10@pc33.atlanta.com
CSeq: 31862 REGISTER
Contact: sip:alice@10.1.3.33
Expires: 21600
Content-Length: 0
```

등록 메시지의 Request-URI 는 SIP Registrar 서버의 주소입니다.
From 헤더와 To 헤더는 앨리스 자신을 가리키고 있습니다. 여기서
새롭게 등장한 Expires 헤더는 등록 유효기간을 의미합니다. 앨리스
의 전화기는 SIP Proxy 서버에게 21600 초 동안 등록을 유지해 줄
것을 요청합니다.

2) 200 OK

SIP Proxy 서버는 SIP REGISTRA 요청의 200 OK 응답을 전송합
니다.

```
SIP/2.0 200 OK
Via: SIP/2.0/TCP pc33.atlanta.com;branch=z9hG4bk2l55n1;
received=10.1.3.33
To: Alice <sip:alice@atlanta.com>; tag=a 6c85e3
From: Alice <sip:alice@atlanta.com>;tag=283074
Call-ID:a84b4g96te10@pc33.atlanta.com
```

```
CSeq: 31862 REGISTER
Contact: sip:alice@pc33.atlanta.com
Contact: sip:alice@cm9013.atlanta.com
Service-Route: sip:bigbox3.atlanta.com;lr
Expires: 3600
Contact-Length: 0
```

SIP Proxy 서버는 앨리스의 전화기에 등록을 승인하기 위해 200 OK 응답을 생성하였습니다. Expires 헤더의 값을 21600 초에서 3600 초로 변경하였음으로 앨리스의 전화기는 3600 초마다 재등록 합니다.

REGISTER 의 재등록 메커니즘은 일정한 간격으로 이루어지므로 SIP Registrar 서버와 간의 Keepalive 메커니즘의 기능도 수행합니다. 그러므로, Expires 헤더의 값이 작으면 잦은 재등록 요청이 발생하고, 너무 크면 Keepalive 메커니즘의 기능을 수행할 수 없습니다.

200 OK 응답이 포함한 두 개의 Contact 헤더와 Service-Router 헤더에 대해 살펴보겠습니다.

2. 사용자가 여러 대의 단말을 사용하는 문제

흔히 직원들은 노트북에 소프트 폰을, 책상 위에 데스크톱 IP 전화기를 그리고 스마트폰에 전화기 앱을 사용합니다. 즉, IP PBX 는 사용자 당 여러 대의 전화기를 사용하도록 하기 위해 수신자의 단말을 구분할 필요가 있습니다.

또한, 직원들이 여러 대의 전화기를 사용한다고 수신자의 데스크톱 IP 전화기의 전화번호, 스마트폰 앱 전화번호, 그리고 소프트 폰 전화번호를 따로 유지해서는 안됩니다. 발신자가 수신자가 받을 수 있는 단말을 예측해서 전화를 건다는 것은 현실적으로 맞지 않습니다.

따라서 밥의 주소로 전화가 오면 SIP Proxy 는 자신에게 등록된 여러 대의 단말을 동시에 INVITE 메시지를 전달해야 합니다. 수신자가 자신이 받을 수 있는 단말을 선택합니다. 이동 중이라면 스마트폰의 앱을 책상에서 업무 중이라면 데스크톱 전화기를 선택할 것입니다.

이런 동작이 가능하려면 SIP Proxy 서버는 앨리스가 여러 대의 단말을 가지고 있다고 인식해야 합니다. 즉, 전화를 주고받는 사람을 인지하는 주소 체계와 사용자의 단말을 인식할 수 있는 주소 체계가 필요합니다. 사람을 인지하는 주소 체계를 address-of-record (AOR) URI 라하고, 단말을 인식할 수 있는 주소 체계를 Contact address 라고 합니다.

· AOR (Address of Record) : 사용자 주소
  예) Bob@biloxi.com

· Contact Address ; 등록된 단말의 주소
  예) bob@phone66.biloxi.com

지금까지 전화기의 등록 과정은 전화기의 IP 주소와 사용자의 SIP URI 주소를 연결하는 것입니다. 새로운 주소 체계를 바탕으로 정리해봅시다. SIP 전화기의 등록 과정은 address-of-record (AOR) URI 와 Contact address 를 매핑 또는 바인딩하는 것입니다. SIP 네트워크가 단순히 E.164 주소 체계의 전화번호와 IP 주소를 바인딩 한다고 가정한다면, AoR 은 전화번호이고 Contact address 는 IP 주소입니다.

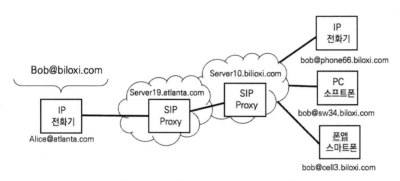

<그림 10-2> 여러 대의 전화기를 가진 경우

앨리스가 밥에게 전화를 걸 때 전화번호가 아닌 SIP URI 인 Bob@biloxi.com 로 걸었다고 가정합니다. 밥은 3 개의 전화기 및 단말을 사용 중이며, 현재 등록된 단말이 몇 개인지 또는 통화 가능한 단말이 무엇인지는 오직 biloxi.com 의 SIP Proxy 서버가 알고 있습니다. 앨리스가 있는 atlanta.com 의 속한 전화기들은 밥의 AOR 주소인 Bob@biloxi.com 가 유효합니다. 밥이 있는 biloxi.com 의 SIP Proxy 서버는 AOR 에 매핑된 단말을 식별할 수 있는 Contact Address 가 유효합니다. biloxi.com 에서 bob@biloxi.com AOR 주소로는 밥의 전화기들을 찾아갈 수 없습니다.

SIP 프로토콜에서 등록(Registration)이란 AOR 과 Contact Address 를 바인딩하는 것입니다. SIP REGISTER 메시지에 대한 응답 200 OK 에 2 개의 Contact 헤더는 SIP Proxy 서버에 바인딩된 Contact address 정보를 표시한 것입니다. alice@atlanta.com 이라는 AOR 에 바인딩된 단말은 2 개입니다. PC 소프트 폰인 alice@ pc33.atlanta.com 과 데스크톱 전화기인 sip:alice@cm9013.atlanta.

com 입니다. 앨리스는 회사에서 데스크톱 전화기와 소프트 폰을 사용합니다.

> Contact: sip:alice@pc33.atlanta.com
> Contact: sip:alice@cm9013.atlanta.com
> Service-Route: sip:bigbox3.atlanta.com:lr
> Expires: 3600

3. REGISTER : SIP Proxy 서버 주소 획득의 문제

지금까지 SIP 전화기인 UA (User Agent)가 SIP Registrar 서버에 등록을 위해 SIP REGISTRA 서버의 주소와 SIP Proxy 서버의 주소를 자동으로 획득한다고 가정하였습니다. 일반적으로 SIP REGISTRA 서버와 SIP Proxy 서버를 동일 서버에서 구현하더라도 SIP 서버의 주소를 획득하는 과정이 필요합니다.

서버의 주소를 획득하는 방법은 여러 가지가 있습니다. 첫 번째로 관리자가 전화기(UA)에 SIP Proxy 서버의 주소를 직접 입력합니다. 가장 일반적인 방법이지만 단말이 많을수록 관리가 어렵고 SIP Proxy 주소가 변경될 경우 엄청난 작업이 됩니다. 두 번째로 HTTP 나 TFTP 와 같은 프로토콜 활용합니다. TFTP 를 이용하여 전화기 별로 다른 설정 파일을 전달합니다. 시스코와 같은 기업이 널리 사용하는 방법이지만 방화벽이 있는 환경에서는 사용이 복잡하고, 전화기가 SIP 외에도 HTTPS 와 TFTP 등의 기타 프로토콜을 구현해야 한다는 단점이 있습니다.

SIP Proxy 또는 IP PBX 서버의 주소를 획득하는 방법은 RFC 3261 에 정의되어 있지 않습니다. RFC 3261 권고안이 발표되기 전에 많은 인터넷 전화 제조 기업들이 각자의 방법을 구현하였기 때문입니다. SIP Proxy 서버의 주소를 획득하는 가장 쉬운 방법은 DHCP (Dynamic Host Configuration Protocol)를 이용하여 전화기가 부팅되어 IP 주소를 획득할 때 SIP Proxy 서버의 주소를 같이 획득합니다. DHCP 서버는 IP 주소 할당 외에 DNS 나 TFTP 서버의 주소를 함께 할당할 수 있습니다. 즉, 전화기는 TFTP 서버의 주소를 받은 후 전화기 구성 정보 파일을 다운로드합니다. 구성 정보 파일은 SIP Proxy 서버 또는 SIP Registrar 서버의 주소 그리고 각종 필요한 정보 및 정책을 공유합니다.

SIP REGISTRA 서버의 주소는 여러 경로를 통해 획득하였다고 가정하였습니다. IETF RFC 3608 Service Route Extension Header 문서는 SIP Proxy 서버의 주소를 획득할 수 있는 헤더를 정의합니다. 즉, REGISTER 메시지를 받은 SIP REGISTRA 서버는 200 OK 응답 전송 시 Service-Route 헤더에 명시적으로 SIP Proxy 서버의 주소를 통지합니다.

REGISTER 메시지에 표시된 Service-Route 헤더의 값은 bigbox3. atlanta.com 으로 SIP Proxy 서버의 주소입니다.

    Contact: sip:alice@pc33.atlanta.com
    Contact: sip:alice@cm9013.atlanta.com
    Service-Route: sip:bigbox3.atlanta.com;lr
    Expires: 3600

4. 발신자가 전화를 걸고 나서 갑자기 수화기를 내려놓을 때

발신자가 전화번호 또는 SIP URI 주소로 통화를 시도하면 반드시 상대방이 받았습니다. 상대방이 전화를 받으면 200 OK 응답이 수신되며, 호를 종료하고 싶을 때는 BYE 요청을 이용합니다. 그런데, 발신자가 전화번호를 잘못 누르거나 통화 중에 직장 상사가 불러서 통화 시도를 중지하는 경우가 있습니다. 즉, INVITE 요청에 대한 200 OK 를 수신하기 전에 통화를 종료하고 싶을 때 SIP 프로토콜은 어떤 방법을 선택했을 까요?

11 장. SIP CANCEL 의 이해

1. CANCEL 의 개요

　발신자가 전화번호를 잘못 누르거나 통화 중에 직장 상사가 불러서 통화 시도를 중지하는 경우가 있습니다. 즉, INVITE 요청에 대한 200 OK 를 수신하기 전에 수화기를 내려놓을 때 SIP 프로토콜은 CANCEL 메쏘드를 이용합니다. CANCEL 메쏘드는 기존의 요청을 취소하기 위해 사용합니다. CANCEL 은 상대방이 응답을 전송하기 전에 사용합니다. 만일 INVITE 요청에 대해 200 OK 응답을 수신하면 정상적인 호 진행이므로 CANCEL 이 아닌 BYE 를 이용합니다.

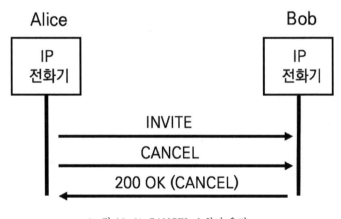

<그림 11-1> CANCEL 요청과 응답

CANCEL 의 메시지를 분석해 보겠습니다.

1) CANCEL
　INVITE 요청에 대한 200 OK 응답 전에 CANCEL 을 밥에게 전송합니다.

```
CANCEL sip:bob@192.168.10.20 SIP/2.0
Via: SIP/2.0/TCP 10.1.3.33;branch=z9hG4bK776asdhds
Max-Forwards: 70
To: Bob sip:bob@biloxi.com
From: Alice <sip:alice@atlanta.com>;tag=1928301774
Call-ID:a84b4c76e66710@pc33.atlanta.com
CSeq: 10197 CANCEL
Contact: sip:alice@atlanta.com
Reason: SIP ;cause=486 ;text="Busy Here"
Content-Length: 0
```

CANCEL 요청은 앨리스가 밥에게 보내는 것이므로 앨리스가 전화를 걸다가 갑자기 다른 사람의 전화가 와서 받아야 하는 상황입니다. CANCEL 메쏘드는 반드시 Reason 헤더를 포함합니다. Reason 헤더는 취소의 이유를 명기합니다. 여기서 'Reason: 486 Busy Here' 이므로 다른 사람으로부터 전화를 받은 것이라 가정하였습니다.

2) 200 OK

앨리스의 CANCEL 요청을 밥이 정상 처리하였음을 통지하기 위한 200 OK 응답입니다.

```
SIP/2.0 200 OK
Via: SIP/2.0/TCP 10.1.3.33
From: Alice <sip:alice@atlanta.com>;tag=1928301774
To: Bob <sip:bob@biloxi.com>;tag=a6c85cf
Call-ID:a84b4c76e66710@pc33.atlanta.com
CSeq: 10197 CANCEL
Content-Length: 0
```

CSeq 헤더는 200 OK 응답이 INVITE 에 대한 것인지 CANCEL 에 대한 것인지를 알려줍니다.

2. 응답을 받지 못한 요청에 대한 처리

SIP 는 Client / Server 프로토콜이면서 요청과 응답 (Request / Response) 프로토콜입니다. CANCEL 의 트랜잭션은 요청과 응답으로 정상 처리가 되었지만, INVITE 의 트랜잭션은 요청 후 아무런 응답을 받지 못했습니다. SIP 는 이렇게 마무리될 수 없으므로 INVITE 요청에 대한 200 OK 가 아닌 다른 응답이 전송되어야 합니다.

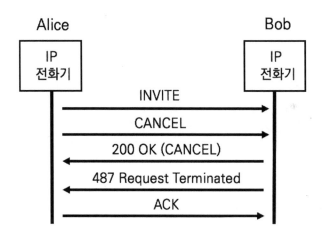

<그림 11-2> 487 응답

밥의 전화기는 CANCEL 요청에 의해 취소된 INVITE 요청에 대한 응답으로 '487 Request Terminated'를 발행합니다. 앨리스의 전화기

는 '487 Request Terminated'를 정상적으로 수신했다는 의미의 ACK 를 전달합니다. SIP 프로토콜은 4xx 응답에 대한 수신 확인을 위해 ACK 를 발행 합니다.

1) 487 Request Terminated

밥의 전화기는 CANCEL 요청을 수신한 후에 200 OK 를 송신한 후 기존의 INVITE 세션 요청에 대한 처리를 중지하고 487 응답을 발행합니다.

```
SIP/2.0 487 Request Terminated
Via: SIP/2.0/TCP 10.1.3.33
From: Alice <sip:alice@atlanta.com>;tag=1928301774
To: Bob <sip:bob@biloxi.com>;tag=a6c85cf
Call-ID:a84b4c76e66710@pc33.atlanta.com
Content-Length: 0
```

CSeq 헤더는 INVITE 에 대한 응답이라고 알려줍니다.

2) ACK

앨리스는 487 응답을 정상 수신하였음을 통지하기 위해 ACK 를 발행합니다.

```
ACK sip:bob@192.168.10.20 SIP/2.0
Via: SIP/2.0/TCP 10.1.3.33;branch=z9hG4bK776asdhds
Max-Forwards: 70
To: Bob sip:bob@biloxi.com
From: Alice <sip:alice@atlanta.com>;tag=1928301774
Call-ID:a84b4c76e66710@pc33.atlanta.com
```

CSeq: 314159 ACK
Content-Length: 0

3. 200 OK 발행한 후에 CANCEL 을 수신하는 문제

밥은 INVITE 에 대한 200 OK 가 발행하는 순간 CANCEL 이 수신될 수 있습니다. 멀리 떨어진 전화기 간에 이루어지는 통신이므로 발생 가능성은 낮지만 충분히 예상할 수 있는 시나리오입니다. 이 상황의 문제점은 CANCEL 요청은 200 OK 응답 전에 발행 되어야 한다는 전제를 위배한 것입니다. SIP 프로토콜은 절차적 당위성을 획득하기 위해 기존의 호 설립과 종료 절차를 그대로 활용합니다.

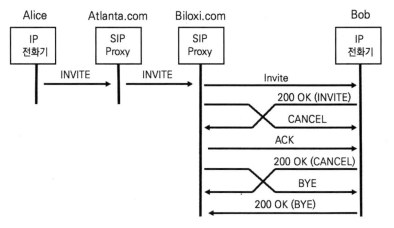

<그림 11-3> 200 OK 발행하는 순간 CANCEL 요청을 받는 경우

앨리스의 전화기는 CANCEL 을 발행한 후에 INVITE 에 대한 200 OK 를 수신하지만 당황하지 않고 200 OK 를 정상 수신했음을 통지하기 위해 ACK 를 발행합니다. 밥의 전화기도 당황하지 않고

CANCEL 에 대한 200 OK 를 발행합니다. 앨리스의 전화기와 밥의 전화기는 CANCEL 트랜잭션과 INVITE 트랜잭션을 완료합니다. 그리고, INVITE / 200 OK / ACK 로 인해 연결된 세션을 자동으로 종료하기 위해 BYE / 200 OK 로 정상 종료 처리를 합니다. 따라서, 모든 요청과 응답이 정상적으로 처리합니다.

4. Call Forking 의 경우에 효율적인 CANCEL 요청

사용자는 하나의 전화번호나 URI 주소를 공유하는 다수의 전화기나 단말을 보유합니다. 다시 말해서, 하나의 AoR 은 다수의 Contact Address 를 가집니다. 따라서, 하나의 전화번호로 호출된 통화 시도를 여러 개의 전화기로 전파하여 벨을 울리게 하는 Call Forking 기능이 필요합니다.

밥에게 통화를 요청하는 INVITE 를 수신한 biliox.com 의 SIP Proxy 는 AoR 과 바인딩된 모든 단말에 INVITE 를 송신합니다. 밥은 3 개의 전화기 중에 한 대로 200 OK 응답을 회신합니다. SIP Proxy 서버는 나머지 두 대의 전화기에 INVITE 요청을 CANCEL 요청으로 취소하여 벨이 울리는 것을 중단시킵니다. 3 개의 INVITE 는 Via 헤더의 서로 다른 branch 값을 가집니다. Call Forking 은 시간 간격을 두고 벨을 울리게 하는 순차적인 방법과 동시에 벨을 울리게 하는 방법이 있습니다.

1) CANCEL
CANCEL 메시지는 벨 소리를 중단시키기 위해 SIP Proxy 서버가 200 OK 응답을 전달하지 않은 다른 두 대의 전화기로 발행합니다.

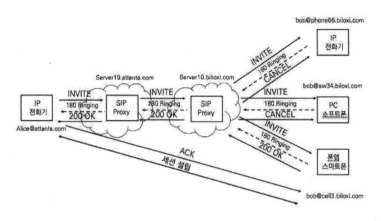

<그림 11-4> Call Forking 에서 CANCEL 메쏘드의 활용

```
CANCEL sip:bob@192.168.10.20 /TCP SIP/2.0
Via: SIP/2.0/TCP server10.biloxi.com;branch=z9hG4bK4b43c2ff8.1
Max-Forwards: 70
To: Bob sip:bob@biloxi.com
From: Server10 <sip:server10.biloxi.com>;tag=1928301774
Call-ID:a84b4c76e66710@pc33.atlanta.com
CSeq: 6187 CANCEL
Contact: sip:server10.biloxi.com
Reason: SIP ;cause=200 ;text="call completed elsewhere"
Content-Length: 0
```

CANCEL 메쏘드에서 핵심 헤더는 두 개입니다. 하나는 취소 사유를
명기하는 Reason 헤더이고, 다른 하나는 어떤 요청을 취소하는 지를
알 수 있는 Cseq 헤더입니다. 여기서 Reason 헤더의 값이 200 "Call
completed elsewhere"이므로 다른 전화기가 응답하였기에 취소한다
고 명시합니다.

12 장. SIP OPTIONS 의 이해

1. OPTIONS 의 개요

OPTIONS 메쏘드는 UA가 다른 UA나 SIP Proxy 서버의 Cap-ability를 확인하기 위해 사용합니다. INVITE 요청과 200 OK 응답 중에 확인할 수 있지만, OPTIONS 요청은 원하는 때에 확인할 수 있습니다. SIP 컴포넌트의 Capability 란 다음과 같습니다.

· 지원 가능한 매쏘드의 종류
· 지원 가능한 콘텐츠의 타입
· 지원 가능한 확장 헤더의 종류
· 지원 가능한 코덱 등

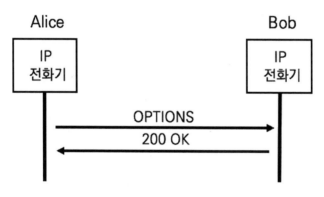

<그림 12-1> SIP OPTIONS

SIP OPTIONS 메시지의 요청과 응답을 분석해봅니다.

1) OPTIONS

앨리스의 전화기는 밥 전화기의 Capability 를 확인하기 위해 OPTIONS 을 발행합니다.

```
OPTIONS sip:bob@192.168.10.20 SIP/2.0
Via: SIP/2.0/TCP pc33.atlanta.com;branch=z9hG4bK77i832k9
Max-Forwards: 70
To: Bob sip:bob@biloxi.com
From: Alice <sip:alice@atlanta.com>;tag=1928301774
Call-ID:a84b4c76e6Kr456@pc33.atlanta.com
CSeq: 22756 OPTIONS
Contact: <sip:alice@pc33.atlanta.com>
Allow: INVITE, ACK, OPTIONS, BYE, CANCEL, REFER, SUBSCRIBE,
NOTIFY, MESSAGE, UPDATE
Accept: application/sdp, application/pidf-xml
Content-Length: 0
```

2) 200 OK

OPTIONS 요청에 대한 응답으로 200 OK 를 전송합니다. OPTIONS 요청은 긴급하거나 중요한 요청이 아니므로 UA 나 SIP Proxy 서버가 바쁘다면 '486 Busy Here'로 응답해도 무방합니다.

```
SIP/2.0 200 OK
Via: SIP/2.0/TCP sip:alice@atlanta.com;branch=z9hG4bK77i832k9
To: Bob <sip:bob@biloxi.com>; tag=a6c85e3
From: Alice <sip:alice@atlanta.com>;tag=1928301774
Call-ID:a84b4c76e6Kr456@pc33.atlanta.com
CSeq: 22756 OPTIONS
Contact: sip:bob@biloxi.com
Contact: sip:bob_home@biloxi.com
Allow: INVITE, ACK, OPTIONS, BYE, CANCEL, REFER, NOTIFY,
MESSAGE
Accept: application/sdp, text/plain, image/jpeg
Accept-language: en, fr
```

Content-Type: application/sdp
Content-Length: 274

SIP OPTIONS 메시지에는 4 개의 새로운 헤더가 등장합니다.

· Contact 헤더 :
  연결 가능한 단말들의 Contact address 리스트
· Allow 헤더 :
  지원 가능한 메쏘드 리스트
· Accept-language 헤더 :
  지원 가능한 언어 리스트
· Accept :
  지원 가능한 메시지 바디의 타입 리스트
  Accept 헤더가 없을 경우 "application/sdp"로 가정
  실제로 SIP 메시지 바디 타입은 Content-Type 헤더로 표시

2. OPTIONS PING

Keepalive 메커니즘은 상대방이 정상 동작하는 지를 확인하는 절차입니다. SIP 프로토콜은 REGISTER 메쏘드를 이용하여 UA 와 SIP Proxy 서버 간의 Keepalive 확인이 가능합니다. 그러나, SIP Proxy 서버의 Voice Gateway 를 연결하는 SIP Trunk 구간은 등록하는 과정이 없습니다. SIP INVITE 메시지를 전송해서 응답을 받기 전에는 상대방의 상태를 알 수가 없습니다. OPTIONS 메쏘드를 이용하여 SIP Trunk 구간에서 상대방의 상태를 확인할 수 있는 Keepalive 메커니즘을 제공하는 것을 OPTIONS PING 이라 합니다.

OPTIONS PING 은 SIP Trunk 사이에서 주기적으로 OPTIONS 메시지를 주고받다가 상대방이 응답이 없거나 200 OK 응답이 아닌 경우에는 INVITE 요청을 전달하지 않습니다. 만일 OPTIONS PING 을 사용하지 않으면, SIP Trunk 구간에서 INVITE 에 대한 응답이 수신되거나 무응답으로 인한 Timeout 이 발생할 때까지 SIP 컴포넌트 가 대기해야 합니다. 그러나, OPTIONS PING 을 사용한다면 사전에 장애를 감지할 수 있으므로 호를 빠르게 진행할 수 있습니다.

따라서, OPTIONS PING 은 상대 SIP 컴포넌트를 URI 주소가 아닌 IP 주소를 사용할 것을 권장합니다. 만일 도메인 이름인 FQDN 을 이용할 경우 DNS 에 의한 이중화 기능으로 인해 정확한 확인이 어려울 수 있습니다.

13장. SIP 응답의 이해

1. SIP Response 가 엔지니어에게 중요한 이유

RFC 3261 에 설명된 INVITE, ACK, BYE, REGISTER, CANCEL, OPETIONS 메쏘드가 200 OK 정상 응답을 주는 경우를 주로 다루었습니다. SIP 컴포넌트들은 다양한 상황에 맞는 이유를 명시한 응답을 전송합니다. 예를 들어, 수신자가 통화 중일 경우에는 통화 중이라는 응답을 전송하고, SIP Proxy 서버의 데이터베이스에 없는 주소는 찾을 수 없는 전화번호나 URI 주소라고 통지합니다.

따라서, 엔지니어들은 SIP 통화에 문제가 발생하면 제일 먼저 확인하는 것이 응답 메시지입니다. 응답은 에러가 발생한 이유를 추측할 수 있게 합니다. 경험이 많은 엔지니어는 응답 메시지만 보고 원인을 예상할 수 있습니다. 뛰어난 엔지니어는 SIP 문제가 발생할 경우 응답 메시지를 보기 위해 SIP 메시지를 디버깅합니다. 그리고 SIP 응답 메시지가 발생하게 된 원인을 추적하여 문제를 해결합니다.

2. SIP Response 의 개요

SIP 는 요청과 응답(Request / Response) 프로토콜입니다. SIP 는 요청과 응답으로 트랜잭션을 완료해야 하기 때문에 모든 요청은 반드시 응답을 받아야 합니다. 정상적인 상황에서 예외는 ACK 메쏘드 뿐입니다. 다른 경우는 장애로 인해 사전 정의된 시간 내에 응답 메시지를 못 받는 것입니다.

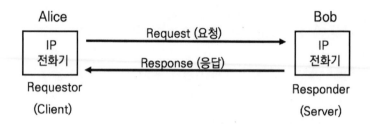

Alice

IP
전화기

Requestor
(Client)

Request (요청)

Response (응답)

Bob

IP
전화기

Responder
(Server)

<그림 13-1> 요청과 응답 프로토콜

SIP 응답은 다음과 같이 일련번호로 정의되어 있습니다.

- 1xx Provisional : 정보
- 2xx Success : 정상
- 3xx Redirection : 요청을 다른 주소로 재송신 요청
- 4xx Client Error : 클라이언트 장애
- 5xx Server Error : 서버 장애
- 6xx Global Failure : 사용자와 연결은 가능하나 통화는 불가

각각의 응답에 대해 좀 더 자세하게 살펴보겠습니다.

2. 1xx Provisional Responses 또는 1xx Informational Responses

1xx 응답은 요청에 대해 최종 응답(Final Response) 전에 요청을 처리하는 시간이 200ms 이상일 때 서버가 처리 중임을 통지합니다. 1xx 응답은 SIP 메시지 바디에 SDP를 함께 전달할 수 있습니다.

1) 100 Trying

수신된 요청을 다음 서버로 전송하거나 처리 중입니다. 만일 데이터베이스에 대한 쿼리나 상대방으로부터 응답이 늦어 최종 응답을 보내지 못할 경우 발신자가 재요청을 하지 않도록 100 Trying을 UAC로 전송합니다. 일반적으로 100 Trying은 INVITE 요청을 받자마자 발행됩니다. 최종 응답인 200 OK를 발행하기까지 처리시간이 오래 걸리기 때문입니다.

2) 180 Ringing

수신 전화기의 벨이 울리고 있습니다. 발신 전화기는 180 Ringing을 수신하면 링백톤을 재생하거나 링백톤 수신을 준비합니다. 발신자가 링백톤을 기대하는 시간 이내에 듣는다는 것은 호가 정상적으로 진행된다는 의미이므로 중요한 응답입니다.

3) 181 Call Is Being Forwarded

수신 전화기가 착신전환 기능을 설정했습니다. 그러므로, 착신전환 번호로 호 시도 중임을 발신 전화기로 통지합니다.

4) 182 Queued

수신 전화기가 일시적으로 통화를 할 수 없는 상태일 때 호를 대기 큐로 전달합니다. 수신 전화기가 통화가 가능해지면 대기 중인 호를 재연 결합니다. 예를 들어, 고객센터에서 모든 상담원이 통화 중일 경우 상담원이 통화가 가능해질 때까지 호는 큐잉되어 음악이나 큐잉 메시지를 듣게 됩니다.

5) 183 Session In Progress
현재 처리 중인 호에 대해 추가적인 정보를 발신자에게 전달합니다.

6) 199 Early Dialog Terminated
RFC 6228 SIP Response Code for Indication of Terminated Dialog 에 새롭게 명시된 응답으로 수신 전화기와 SIP Proxy 간에 최종 응답인 200 OK 전에 다이얼로그가 종료되었음을 통지합니다.

2. 2xx Successful

2xx 응답은 요청이 정상적으로 처리되었습니다.

1) 200 OK
요청을 성공적으로 처리하였습니다.

2) 202 Accepted
요청은 처리가 승인되었지만 아직 처리 중입니다.

3) 204 No Notification
RFC 5839 An Extension to SIP Events for Conditional Event Notification 에 명시된 응답으로 기존 다이얼로그 내에서 SUBS-CRIBE 메시지와 관련된 응답이 전달되지 않았습니다.

3. 3xx Redirect

3xx 는 사용자가 새로운 위치로 이동하거나 UA 정보가 변경된 서비스로 통합합니다.

1) 300 Multiple Choices

사용자가 여러 개의 단말을 소유하고 있으므로 선호되는 UA 로 호를 진행합니다.

2) 301 Moved Permanently

요청된 Request-URI의 주소로 단말을 찾을 수 없습니다. 발신자는 응답에 포함된 Contact 헤더 주소로 re-INVITE 를 요청하고, 로컬 디렉터리와 주소록 등에 정보를 업데이트합니다.

3) 302 Moved temporarily

사용자가 일시적으로 다른 곳으로 이동했습니다. 발신자는 응답에 포함된 Contact Header 주소로 re-INVITE 를 진행합니다. 일시적인 이동이므로 로컬 디렉터리와 주소록 등에 정보를 업데이트하지 않습니다.

4) 305 Use Proxy

착신 전화기에 도착한 요청이 SIP Proxy 를 경유하지 않았습니다. 요청을 응답에 포함된 SIP Proxy 서버 주소로 재전송합니다.

5) 380 Alternative Service

현재의 서비스 요청은 실패하였으나 다른 서비스는 이용이 가능합니다.

4. 4xx Request Failure

4xx 응답은 요청이 실패하였음을 통지합니다. 응답은 실패의 이유를 명기해야 하고, 발신 전화기는 메시지 변경 없이 같은 요청을 반복하지 않습니다.

1) 400 Bad Request
잘못된 문구나 메시지 포맷을 포함하고 있으므로 처리할 수 없습니다. 필수 SIP 헤더가 빠져있을 때 발행됩니다.

2) 401 Unauthorized & 407 Proxy Authentication Required
요청은 사용자 인증이 필요합니다. 등록 서버 나 UAS (수신 전화기)는 401 응답을 SIP Proxy 서버는 407 응답을 발행합니다.

3) 403 Forbidden
서버는 요청에 대한 처리를 거절합니다.

4) 404 Not Found
Request-URI 에 있는 도메인 주소가 존재하지 않습니다.

5) 406 Not Acceptable
Accept 헤더에 열거되지 않은 콘텐츠 타입을 요구합니다.

6) 408 Request Timeout
일정 시간 안에 요청에 대한 응답이 불가능합니다.

7) 410 Gone

요청한 자원이 서버에서 고정적으로 이용할 수 없습니다.

8) 413 Request Entity Too Large

요청이 서버가 처리할 수 있는 용량을 초과합니다. 일시적이라면 Retry-After 헤더로 발신 전화기에 재시도가 가능함을 표시합니다.

9) 414 Request-URI Too Long

Request-URI 가 SIP Proxy 서버가 해석할 수 있는 길이보다 깁니다.

10) 415 Unsupported Media Type

요청이 포함한 메시지 바디는 서버가 지원하지 않는 타입입니다. 응답은 반드시 Accept, Accept-Encoding, 또는 Accept-Language 헤더 등을 포함해야 합니다.

11) 416 Unsupported URI Scheme

요청이 포함한 Request-URI 스킴을 해석할 수 없습니다.

12) 420 Bad Extension

요청한 Proxy-Require 헤더 또는 Require 헤더에 정의된 Extension (확장)을 이해하지 못합니다. 응답은 반드시 Unsupported 헤더에 지원하지 않는 Extension 을 명기합니다.

13) 421 Extension Required

UAS 는 요청을 처리하기 위해 특정 Extension 이 필요하지만, Supported Header 에 명기되지 않았습니다. 응답은 Require 헤더에 필요한 Extension 을 명기합니다.

14) 423 Interval Too Brief

요청하는 자원을 확보하기 위한 시간이 너무 부족합니다.

15) 480 Temporarily Unavailable

요청을 정상적으로 처리하고 연결할 수 있지만 상대방이 응답 가능하지 않습니다. 예를 들면, 로그인은 했지만 통화가 안 되거나 Do not Disturb 기능을 이용 중입니다.

16) 481 Call/Transaction Does not Exist

요청은 기존 다이얼로그 나 트랜잭션과 매치되지 않습니다.

17) 482 Loop Detected

루프 상황이 검출되었습니다. Via 헤더의 값으로 서버가 전송한 요청이 되돌아온 것을 알 수 있습니다.

18) 483 Too Many Hops

Max-Forwards 헤더 값이 0 인 요청을 받았습니다.

19) 484 Address Incomplete

요청은 불완전한 Request-URI 를 포함합니다.

20) 485 Ambiguous

요청은 애매모호한 Request-URI를 포함합니다. 응답은 Contact 헤더에 명확한 주소를 리스팅합니다.

21) 486 Busy Here

요청을 정상적으로 처리하고 연결할 수 있지만 상대방이 응답 가능하지 않습니다. 예를 들면, 통화 중입니다.

22) 487 Request Terminated

요청은 BYE 나 CANCEL 요청에 의해 종료되었습니다. CANCEL 요청에 대한 정상 응답은 200 OK 이며, CANCEL 에 의해 취소된 INVITE 에 대한 응답으로 사용합니다.

23) 488 Not Acceptable Here

Request-URI에 명기된 특정 자원이나 코덱을 사용할 수 없습니다.

24) 491 Request Pending

UAS 는 같은 다이얼로그에 미결된 요청이 있습니다.

25) 493 Undecipherable

요청에 포함된 메시지 바디에 암호화된 MIME 이 있어 처리할 수 없습니다.

5. 5xx Server Error

5xx 응답은 서버의 에러로 인해 요청을 처리할 수 없음을 통지합니다.

1) 500 Server Internal Error
요청을 처리하던 중에 서버 내부 문제로 인해 처리할 수 없습니다.

2) 501 Not Implemented
요청을 처리하기 위한 서비스나 기능이 서버에서 지원되지 않습니다.

3) 502 Bad Gateway
게이트웨이나 Proxy 서버는 요청에 대한 잘못된 응답을 다른 서버로부터 받았습니다.

4) 503 Service Unavailable
서버는 일시적인 과부하나 유지보수로 인해 요청을 처리할 수 없습니다. 응답은 Retry-After 헤더를 포함하여 UAC 가 요청을 재전송할 수 있게 합니다.

5) 504 Server Time-out
서버는 외부 서버로부터 정해진 시간 내에 응답을 받지 못했습니다.

6) 505 Version Not Supported
서버는 SIP 프로토콜 버전을 지원하지 않습니다.

7) 513 Message Too Long
서버는 요청의 메시지가 너무 길어서 처리할 수 없습니다.

6. 6xx Global Failures

6xx 응답은 특정 사용자에 대한 최종 정보를 가지고 있음을 통지합니다.

1) 600 Busy Everywhere

착신 전화기와 연결되었지만 전화를 받지 않습니다. 예를 들어, 수신자가 바빠서 받지 않습니다.

2) 603 Decline

착신 전화기와 연결되었지만 전화를 받지 않습니다. 예를 들어, 상대방이 통화를 원하지 않습니다.

3) 604 Does Not Exist Anywhere

요청에 포함된 Request-URI 의 사용자가 존재하지 않습니다.

4) 606 Not Acceptable

착신 전화기와 연결되었지만 전화를 받지 않습니다. 예를 들어, 요청된 미디어나 대역폭의 부족으로 연결할 수 없습니다.

14 장. SIP 응답의 응용

1. SIP 응답에 따른 호 절차

SIP 응답은 RFC 3261 권고안의 21 Response Codes 에 설명되어 있습니다. 여기서는 응답에 따른 SIP 호 절차가 어떻게 이루어지는 지를 정리합니다. 엔지니어는 응답에 따른 호 절차를 이해해야 무엇이 잘못되었는 지를 알 수 있습니다. SIP 응답을 보고 원인을 파악하는 것은 오랜 경험이 수반되어야 합니다.

1) Redirect : 302 Moved Temporarily

앨리스가 밥의 데스크톱 전화기로 통화하기 위해 INVITE 요청을 보냅니다. 밥의 IP 전화기는 오프라인 상태이거나 착신번호 변경을 한 상태입니다. SIP Proxy 서버는 밥의 IP 전화기의 통화 가능 여부를 알고 있습니다. 밥이 모든 통화를 소프트폰으로 받기 위해 사전 설정 하였다고 가정합니다.

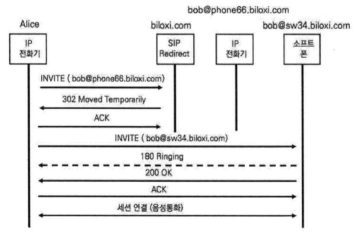

<그림 14-1> Redirect : 302 Moved Temporarily

SIP Redirect 서버도 IP PBX에 포함되어 있는 기능적인 구분입니다. 앨리스로부터 온 INVITE 요청에 대해 SIP Redirect 서버는 대한 302 Moved Temporarily 응답을 전달합니다. 302 응답의 Contact 헤더는 re-INVITE 를 보낼 주소가 명기되고 re-INVITE 는 contact 헤더의 주소로 발행됩니다.

> Contact : bob@sw34.biloxi.com

2) Call Forward : 302 Moved Temporarily

SIP Proxy 서버는 전화기의 상태를 감시하고 전화기로부터 설정 정보를 업데이트 받습니다. 사용자가 전화기에서 착신전환(Call Forward All) 기능이 설정하였으나 SIP Proxy 서버에 있는 밥의 프로파일이 업데이트되지 못하였습니다.

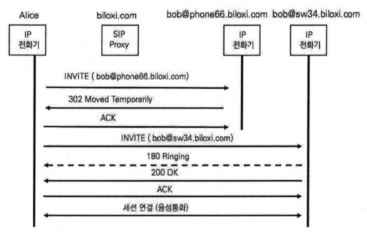

<그림 14-2> 착신전환 : 302 Moved Temporarily

앨리스로부터 온 INVITE 요청에 대해 밥의 IP 전화기는 302 Moved Temporarily 응답을 전달합니다. 302 응답의 Contact 헤더는 re-INVITE를 보낼 주소가 명기되고 re-INVITE는 contact 헤더의 주소로 발행됩니다.

직원들이 많이 사용하는 전화 부가 기능은 착신전환과 호 전환입니다. SIP Proxy와 IP 전화기의 제조사가 다를 경우에 부가 기능을 구현하는 방식이 다를 수 있습니다. IP PBX와 전화기를 같이 제조하는 회사는 IP PBX의 사용자 프로파일을 변경하지만, IP 전화기만을 제조하는 기업은 전화기에서 처리합니다. IP PBX 제조 기업과 공동작업을 할 경우에는 설정 변경 업데이트가 가능합니다. 그러나, 전화기에서 설정을 보유하는 방법은 보안에 매우 취약하므로 잘 사용하지 않습니다. 전화기의 착신전환 기능을 활용하여 착신 전환된 국제전화로 회사의 전화 비용이 크게 나올 수도 있습니다.

3) Unsupported Codec : 488 Not Acceptable Here

앨리스는 G.711 코덱으로 음성통화를 하고자 INVITE 요청의 메시지 바디에 G.711 코덱 정보를 추가하여 전달합니다. 하지만, 밥의 전화기는 G.729만을 사용 가능한 상황입니다.

밥의 전화기는 G.711 코덱이 없으므로 '488 Not Acceptable Here'라고 응답합니다. 엔지니어는 488 응답을 보고 코덱 미스매치(Codec Mismatch)가 발생하였으므로 밥의 전화기가 사용하는 G.729 코덱으로 재협상을 시도하도록 설정을 변경합니다. 즉, re-INVITE는 엔지니어의 설정 변경 후에 재전송하는 과정입니다. 앨리스의 전화기는 INVITE 요청에 G.729 코덱을 메시지 바디에 포함하여 보내면서 호 절차가 진행됩니다.

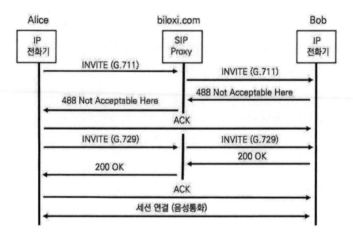

<그림 14-3> 지원하지 않는 코덱 488 Not Acceptable Here

4) Called Party Busy : 486 Busy Here

앨리스는 밥과 통화를 하고자 INVITE 요청을 보내지만, 밥은 현재 다른 사람과 통화 중입니다. SIP Proxy 가 밥의 상태를 인지하지 못해 INVITE 를 밥에게 전달합니다. 밥의 전화기는 '486 Busy Here'로 응답합니다.

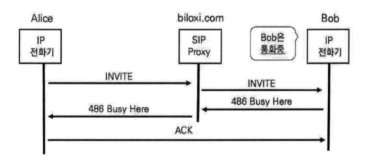

<그림 14-4> 통화중 : 486 Busy Here

실제는 SIP Proxy 서버는 등록된 단말들의 상태 정보를 모니터링하고 있습니다. 따라서, '486 Busy Here' 응답은 SIP Proxy 에 의해 전달됩니다.

비슷한 응답으로 600 Busy Everywhere 와 488 Not Acceptable Here 가 있습니다. 밥이 가진 여러 단말 중에서 응답할 수 있는 단말이 없을 경우에는 600 응답을 발행되고, 밥이 통화 중이어서 호를 거절할 경우 488 응답을 발행합니다. 488 응답은 반드시 정확한 거절 이유를 명기해야 합니다.

5) Call Forward Busy : 181 Call Forwarded

밥의 IP 전화기가 '486 Busy Here'를 SIP Proxy 서버로 전달합니다. SIP Proxy 서버는 밥의 프로파일에 설정된 Call Forward Busy (통화 중 착신전환 번호) 전화번호로 re-INVITE 를 발행하고, 앨리스에게 착신 전환된 번호로 연결을 시도하고 있음을 '181 Call Forwarded' 응답으로 통지합니다.

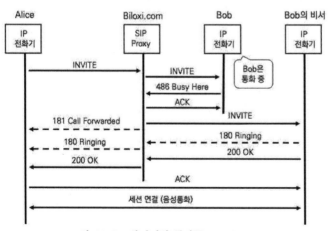

<그림 14-5> 착신전환 통화중 181 Call Forwarded

6) Gateway Congestion : 503 Service Unavailable

음성 게이트웨이 1 번은 이용한 가능한 리소스가 없습니다. SIP Proxy 서버의 INVITE 요청에 대해 '503 Service Unavailable'로 응답합니다. SIP Proxy 서버는 이중화 설정이 된 음성 게이트웨이 2 번으로 INVITE 를 전달하여 호가 정상적으로 진행됩니다.

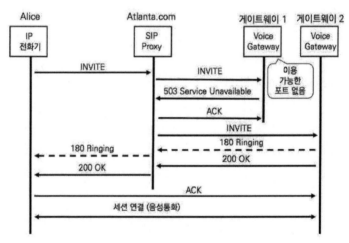

<그림 14-6> 게이트웨이 혼잡 503 Service Unavailable

물론, SIP Proxy 서버는 두 대의 게이트웨이를 이중화 및 로드 밸런싱 설정이 사전에 구성되어 있어야 합니다.

15 장. SDP 의 개요

1. SDP 의 개요

SDP 는 Session Description Protocol 의 약어로 멀티미디어 세션 파라미터를 협상하는 프로토콜입니다. SDP 는 RFC 2327 을 개정한 RFC 4566 으로 권고되었습니다. H.323 프로토콜 슈트에서 볼 때, H.225 가 시그널링에 대해 정의하고, H.245 가 Capability Exchange 를 정의합니다. 마찬가지로 SIP 프로토콜이 시그널링에 대해 정의하고, SDP 가 Capability Exchange 를 정의합니다. SDP 는 SIP 뿐만 아니라 MGCP 와 Megaco 에서도 사용합니다.

SIP 는 요청과 응답 모델 (Request & Response Model)로 정의하였고, SDP 는 제안과 수락 모델 (Offer & Answer Model)로 정의합니다. SDP 의 Offer / Answer Model 로의 동작에 대해서는 RFC 3264 An Offer/Answer Model with the SDP 에서 설명합니다.

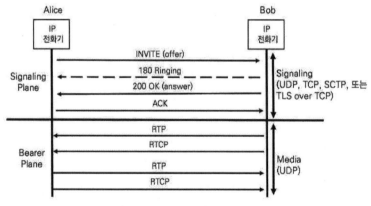

<그림 15-1> SDP 는 제안과 수락 모델

SDP 는 Capability 를 협상하기 위해 SIP 호 처리 절차를 활용합니다. SDP 는 협상 내용을 SIP 의 요청과 응답에서 사용되는 SIP 메시지 바디에 포함되어 전달합니다. 예를 들어, SIP INVITE 메시지에 SDP Offer 가 포함되고 200 OK 응답 메시지에 때 SDP Answer 가 포함됩니다.

2. SDP 메시지 분석 개요

SDP 는 멀티미디어를 전달하는 RTP 프로토콜에 대한 세부적인 내용을 협상합니다. SDP 는 SIP 와 다른 메시지 포맷을 사용하지만 텍스트 기반이므로 이해하기가 쉽습니다.

```
v=0
o=alice 2890844526 2890844526 IN IP4 atlanta.com
s=
c=IN IP4 10.1.3.33
t=0 0
m=audio 49172 RTP/AVP 0
a=rtpmap:0 PCMU/8000
```

각 라인의 의미는 다음과 같습니다.

1) v=0 (필수)
SDP 프로토콜의 버전을 표시합니다. SDP 버전은 0 입니다.

2) o=alice 2890844526 2890844526 IN IP4 atlanta.com (필수)

SDP 메시지를 생성한 Owner/creator 를 표시합니다. 순서대로 Username, Session-ID, Session Version, Network Type, Address Type, Unicast Address 를 표시합니다.

3) s= (필수)
세션 이름을 표시합니다.

4) c=IN IP4 10.1.3.33 (옵션)
순서대로 Network Type, Address Type, Connection-Address 이며, RTP 프로토콜이 사용할 주소를 정의합니다.

5) t=0 0 (필수)
Timing 으로 start-time 과 stop-time 을 표시합니다. 0 0 은 고정 세션을 의미합니다.

3. SDP 메시지 분석 (m= & a=)

SDP 의 Capability Exchange 를 위한 핵심은 m= 와 a=입니다. RTP 가 사용할 코덱, IP 주소, 포트 넘버를 명기합니다. 보통, SDP 메시지를 생성하는 UA 는 지원 가능한 모든 코덱을 명기하여 제안합니다.

```
m=audio 16444 RTP/AVP 0 8 18 101
a=rtpmap:0 PCMU/8000
a=ptime:20
a=rtpmap:8 PCMA/8000
```

```
a=ptime:20
a=rtpmap:18 G729/8000
a=ptime:20
a=sendrecv
a=rtpmap:101 telephone-event/8000
a=fmtp:101 0-15
```

1) m=audio 16444 RTP/AVP 0 8 18 101

Media Description 으로 Media, Port, Protocol, Format 을 정의
합니다.

· Media (m=audio 16444 RTP/AVP 0 8 18 101)

  RTP 프로토콜의 페이로드가 무엇인지를 선언

  audio, video, text, application, message 중에서 표시

· Port

  미디어가 전송될 전송 포트(Transport port) 표시

  UDP 16384 에서 32767 사이의 번호를 무작위로 선택

· Protocol

  UDP, RTP/AVP, RTP/SAVP 중에서 표시

  AVP 는 Audio Video Profile 의 약자

· Format

  미디어의 포맷을 서브 필드 (a=)로 표시함을 의미

  Payload Type 0 8 18 의 순서는 코덱 협상의 우선순위를 표시

  Payload Type 101 은 DTMF 이벤트를 정의

2) a=rtpmap:0 PCMU/8000

미디어 속성(attribute)을 정의합니다.

- a=rtpmap

  payload type, encoding name/clock rate 를 표시

- a=ptime

  packet time 으로 패킷 한 개가 포함한 시간 정보로 ms 로 표시

  보통 20ms 로 표시

- a=fmtp

  미디어 포맷에 대한 파미 미터를 정의

3) a= (미디어의 방향)

RTP 프로토콜이 전달하는 미디어 속성 뿐만 아니라 미디어 방향도

표시합니다.

- a=sendrecv

  단말은 미디어 송신 및 수신 가능

  예) 전화기로 통화가 가능한 채널

- a=recvonly

  단말은 미디어 수신만 가능

  예) 전화기로 링백톤 수신만 가능한 채널

- a=sendonly

  단말은 미디어 송신만 가능

  예) 마이크 기능만 있는 단말로 송신만 가능한 채널

- a=inactive

  단말은 송신 및 수신이 불가능

  예) 전화기에서 Hold 버튼을 누른 상태

별도의 언급이 없을 때는 'a=sendrecv'로 가정합니다. 미디어의 방향은 전화 부가 서비스를 구현 시 유용합니다. 예를 들어, 묵음 버튼을 누르면 SDP 협상을 통해 'a=recvonly'로 설정하면 듣기만 가능합니다.

4) a= (DTMF 협상)

DTMF 는 통화 중에 Digit (숫자)을 전달할 수 있도록 하고, 어떤 방식으로 할지를 결정합니다. 여기서는 간단하게만 다루고 뒤에서 자세히 다룹니다.

- a=rtpmap:101 telephone-event.8000

  RFC 2833 에 의한 In-band DTMF

- a=fmtp 101 0-15

  DTMF Tone 은 0,1,2,3,4,5,6,7,8,9,0,*,#, A, B, C, D 총 15 가지를 송수신

4. RFC 3264 의 기본 SDP 협상의 이해

RFC 3264 An Offer/ Answer Model Session Description Protocol 권고안의 10.1 Basic Exchange 부분에 설명된 예제를 통해 Offer / Answer 모델을 이해해 봅니다. SIP 호 처리 절차는 무시합니다.

1) 앨리스의 "Offer"

앨리스는 다음과 같이 협상을 제안합니다.

```
v=0
o=alice 2890844526 2890844526 IN IP4 host.anywhere.com
s=
c=IN IP4 host.anywhere.com
t=0 0
m=audio 49170 RTP/AVP 0
a=rtpmap:0 PCMU/8000
m=video 51372 RTP/AVP 31
a=rtpmap:31 H261/90000
m=video 53000 RTP/AVP 32
a=rtpmap:32 MPV/90000
```

SDP 의 제안(Offer)의 Owner 이자 Creator 인 앨리스의 단말기 주소는 host.anywhere.com 입니다. RTP 는 이 주소로 보내질 것입니다. 앨리스는 다음과 같이 제안하였습니다.

· 음성 스트림 채널 1
G.711 ulaw 코덱(PCMU) , 49170 UDP 포트, 별도로 언급이 없으므로 양방향 채널

· 영상 스트림 채널 1

   H.261 코덱 (페이로드 타입 31), 51372 UDP 포트, 별도로
언급이 없으므로 양방향 채널

· 영상 스트림 채널 2

   MPEG 코덱 (페이로드 타입 32), 53000 UDP 포트, 별도로 언급이
없으므로 양방향 채널

2) 밥의 "Answer"

   앨리스는 다음과 같이 협상을 받아들입니다.

```
v=0
o=bob 2890844730 2890844730 IN IP4 host.example.com
s=
c=IN IP4 host.example.com
t=0 0
m=audio 49920 RTP/AVP 0
a=rtpmap:0 PCMU/8000
m=video 0 RTP/AVP 31
m=video 53000 RTP/AVP 32
a=rtpmap:32 MPV/90000
```

   SDP 의 제안(Answer)의 Owner 이자 Creator 인 밥의 단말기
주소는 host.example.com 입니다. RTP 는 이 주소로 보내질 것입니다.
밥은 다음과 같이 수락하였습니다.

· 음성 스트림 채널 1

G.711 ulaw (PCMU) 코덱, 49920 UDP 포트, 별도로 언급이 없으므로 양방향 채널

· 영상 스트림 채널 1
H.261 코덱을 사용하는 영상 스트림 채널의 개방을 원하지 않으므로 미디어 속성(a=)을 정의하지 않음

· 영상 스트림 채널 2
MPEG 코덱 (페이로드 타입 32), 53000 UDP 포트, 별도로 언급이 없으므로 양방향 채널

여기서, 미디어 속성(a=)을 포함하지 않으면 미디어 스트림이 개방되지 않습니다.

3) 밥의 협상 변경 요청 "Offer"

SDP Offer/Answer 모델로 상호 간에 Capability Exchange 가 완료된 후에 밥은 다시 협상 변경을 요청합니다.

```
v=0
o=bob 2890844730 2890844731 IN IP4 host.example.com
s=
c=IN IP4 host.example.com
t=0 0
m=audio 65422 RTP/AVP 0
a=rtpmap:0 PCMU/8000
m=video 0 RTP/AVP 31
m=video 53000 RTP/AVP 32
a=rtpmap:32 MPV/90000
m=audio 51434 RTP/AVP 110
```

```
a=rtpmap:110 telephone-events/8000
a=recvonly
```

SDP 재협상 제안 (Offer) 내용은 다음과 같습니다.

· 음성 스트림 채널 1

G.711 ulaw (PCMU) 코덱, 별도로 언급이 없으므로 양방향 채널
49920 UDP 포트를 65422 로 변경할 것을 요청

· 영상 스트림 채널 1

H.261 코덱을 사용하는 영상 스트림 채널의 개방을 원하지 않으
므로 미디어 속성(a=)을 정의하지 않음

· 영상 스트림 채널 2

MPEG 코덱 (페이로드 타입 32), 53000 UDP 포트, 별도로 언급이
없으므로 양방향 채널

· 음성 스트림 채널 2

DTMF 이벤트 처리를 위한 수신 전용 (receive-only) 채널
일반적으로 DTMF 이벤트 처리는 RTP Payload Type 110 을
사용

정리하면, 음성 스트림 채널 1 의 UDP 포트 넘버 변경과 DTMF
이벤트 처리를 위한 음성 채널 개방을 요구하였습니다.

4) 앨리스의 "Answer"

앨리스는 밥의 제안을 수락하며 다음과 같이 응답합니다.

```
v=0
o=alice 2890844526 2890844527 IN IP4 host.anywhere.com
s=
c=IN IP4 host.anywhere.com
t=0 0
m=audio 49170 RTP/AVP 0
a=rtpmap:0 PCMU/8000
m=video 0 RTP/AVP 31
a=rtpmap:31 H261/90000
m=video 53000 RTP/AVP 32
a=rtpmap:32 MPV/90000
m=audio 53122 RTP/AVP 110
a=rtpmap:110 telephone-events/8000
a=sendonly
```

앨리스는 자신이 사용하려고 한 음성 스트림 채널 1 개와 영상
스트림 채널 2 개에 밥이 추가적으로 제한한 DTMT 이벤트용 음성
채널을 송신 전용으로 오픈합니다.

5) 정리

정리하면, SDP Offer 와 Answer 는 사용할 수 있는 모든 미디어
속성을 정의하는 과정입니다.

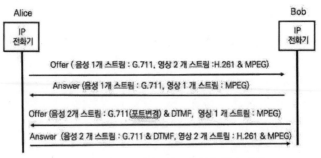

<그림 15-2> RFC 3262 의 SDP 협상 예제

5. RFC 3264 의 여러 코덱 중에 하나의 코덱을 선택하기 (One of N Codec Selection)

IP 전화기와 음성 게이트웨이는 음성과 영상을 압축하기 위해 DSP (Digital Signal DSP) 칩을 사용합니다. DSP 칩은 다수의 음성 또는 영상 압축 코덱을 지원하지만 전화 통화는 하나의 음성 코덱만을 사용합니다. 영상 통화는 하나의 음성 코덱과 하나의 영상 코덱을 선택합니다. 즉, SDP Offer 에 다수의 코덱을 정의하더라도 하나의 미디어 채널은 SDP Answer 를 통해 하나의 코덱을 선택합니다.

다수 코덱을 제안하고 우선순위에 따라 하나의 코덱을 선택하는 과정을 정리해봅니다.

1) 앨리스의 제안 (Offer)

앨리스의 SDP Offer 는 하나의 음성 스트림 하나를 제안합니다.

```
v=0
o=alice 2890844526 2890844526 IN IP4 host.anywhere.com
s=
c=IN IP4 host.anywhere.com
t=0 0
m=audio 62986 RTP/AVP 0 4 18
a=rtpmap:0 PCMU/8000
a=rtpmap:4 G723/8000
a=rtpmap:18 G729/8000
a=inactive
```

정리하면, 다음과 같습니다.

- 음성 스트림 채널 1

  G.711 ulaw (PCMU), G.723 과 G.729 음성 코덱 지원 가능

  'm='에 정의된 순서대로 앨리스는 G.711 ulaw 를 선호

  코덱 협상 완료 전까지는 통화가 불가능하므로 미디어의 방향을
'a=inactive'로 선택

2) 밥의 수락 (Answer)

밥의 SDP Answer 는 하나의 음성 스트림을 수락하고 코덱을 선택
합니다.

```
v=0
o=bob 2890844730 2890844731 IN IP4 host.example.com
s=
c=IN IP4 host.example.comt=0 0
m=audio 54344 RTP/AVP 0 4
a=rtpmap:0 PCMU/8000
```

```
a=rtpmap:4 G723/8000
a=inactive
```

정리하면, 다음과 같습니다.

· 음성 스트림 채널 1

  G.711 ulaw (PCMU), G.723 음성 코덱 지원 가능

  'm='에 정의된 순서대로 밥은 G.711 ulaw 를 선호

  코덱 협상 완료 전까지는 통화가 불가능하므로 미디어의 방향을
'a=inactive'로 선택

3) 앨리스의 제안 (Offer)

  앨리스는 밥이 제안한 두 개의 코덱 모두를 지원할 수 있지만
G.723 코덱을 선택합니다.

```
v=0
o=alice 2890844526 2890844527 IN IP4 host.anywhere.com
s=
c=IN IP4 host.anywhere.com
t=0 0
m=audio 62986 RTP/AVP 4
a=rtpmap:4 G723/8000
a=sendrecv
```

정리하면, 다음과 같습니다.

· 음성 스트림 채널 1

  G.723 음성 코덱 지원 가능

코덱 협상이 완료되면 사용하기 위해 양방향으로 미디어 채널 오픈

일반적으로, 서로가 가장 높은 우선순위로 G.711 ulaw 를 선택하지만 예제는 G.723 을 선택하는 것으로 가정합니다.

4) 밥의 수락 (Answer)

밥은 앨리스가 제안한 G.723 코덱을 선택합니다. 들이고 a=sendrecv 로 양방향 통화 채널을 활성화합니다.

```
v=0
o=bob 2890844730 2890844732 IN IP4 host.example.com
s=
c=IN IP4 host.example.com
t=0 0
m=audio 54344 RTP/AVP 4
a=rtpmap:4 G723/8000a=sendrecv
```

정리하면, 다음과 같습니다.

· 음성 스트림 채널 1
  G.723 음성 코덱
  코덱 협상이 완료되면 사용하기 위해 양방향으로 미디어 채널 오픈

5) 정리

일반적으로는 처음부터 a=sendrecv 로 교환하고 우선순위가 높은 코덱을 선택합니다. 한 번의 SDP Offer / Answer 과정으로 코덱을 선택합니다만, 이 예제는 처음 inactive 상태를 sendrecv 로 전환하기 위해 4 번에 걸친 Offer 와 Answer 를 교환하는 과정을 보여줍니다.

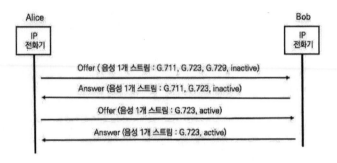

<그림 15-3> 여러 개의 코덱 중 하나 선택하기

　SIP 와 SDP 관계를 생각해보면, INVITE 발행 시에 SDP Offer 가 전달되고 180 Ringing 도는 200 OK 전달 시에 SDP Answer 가 함께 전달된다면 수화기를 들자마자 미디어 속성이 결정되어 통화가 가능합니다.

16 장. SDP Offer 의 두 가지 방법

1. SDP 의 협상 방식

SDP 는 단말 간의 멀티미디어 세션과 관련된 미디어 타입 및 포맷을 협상하는 프로토콜이며 제안 및 수락 (Offer & Answer) 모델로 동작합니다. SDP 는 단독으로 전달될 수 없으며 SIP 메시지 바디에 포함되어 협상합니다. SDP Offer 가 어떤 SIP 메시지에서 전달되느냐에 따라 협상 방식을 두 가지로 정의합니다.

1) Early Offer

SDP Early Offer 는 SIP INVITE 메시지와 SDP Offer 를 함께 전달하는 방식입니다. SDP Answer 는 200 OK 나 180 Ringing 과 함께 전달합니다. Early Offer 는 발신자가 SDP 협상의 주도권을 갖습니다. 대부분의 장비들이 Early Offer 를 사용합니다.

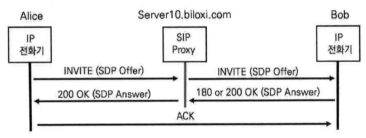

<그림 16-1> SDP 협상 - Early Offer

2) Delayed Offer

SDP Delayed Offer 는 INVITE 메시지에 SDP Offer 를 전달하지 않고 180 Ringing 이나 200 OK 에 SDP Offer 를 전달하는 방식입니다.

SDP Answer 는 ACK 와 함께 전달합니다. Delayed Offer 는 수신자가 SDP 협상의 주도권을 갖습니다. 시스코 제품들은 Delayed Offer 를 사용합니다.

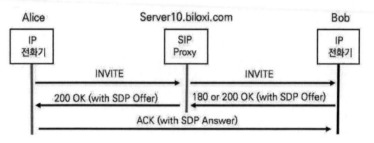

<그림 16-2> SDP 협상 - Delayed Offer

3) 비교

IETF RFC 권고안은 두 가지 협상 방식을 모두 정의합니다. Early Offer 는 미디어 채널의 협상이 빠릅니다. 200 OK 응답 이전에 미디어 채널 협상을 완료하여 사용하고자 할 때 유용합니다. Delayed Offer 는 코덱 협상이 확실합니다. 수신자의 Capability 를 확인 후에 협상을 완료할 수 있으므로 Capability 재협상이 수행되지 않습니다.

2. 미디어 클리핑과 링백톤의 문제

SDP Early Offer 상황에서 Capability Exchange (코덱 협상) 과정과 미디어 교환 과정을 생각해 봅시다.

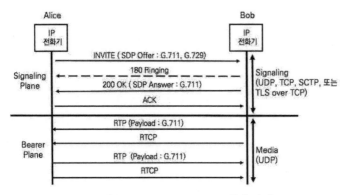

<그림 16-3> SDP Early Offer 협상 과정

앨리스는 수화기를 들고 다이얼링을 완료하자마자, 전화기는 INVITE 메시지와 함께 SDP Offer 를 송신합니다. 앨리스의 전화기가 지원하는 코덱은 G.711 과 G.729 입니다. 밥의 전화기는 벨을 울리면서 앨리스의 전화기에게 180 Ringing 으로 통지합니다. 앨리스의 전화기는 앨리스에게 링백톤을 재생합니다. 밥이 수화기를 드는 순간 200 OK 메시지와 함께 SDP Answer 가 앨리스의 전화기로 송신됩니다. 200 OK 를 받은 앨리스의 전화기는 ACK 를 밥에게 송신하면서 통화가 시작됩니다.

우리가 생각하는 전화 통화 과정입니다. 보통 사람들은 수화기를 들자마자 "여보세요" 또는 "Hello"라고 말합니다. 앨리스가 밥의 첫 단어를 정확하게 듣기 위해서는 미디어 채널이 말하기 이전에 개방되어야 합니다. 정확한 시점은 SDP 협상이 완료되는 200 OK 및 ACK 이후입니다. 현실적으로 미디어 채널이 개방되는 시점으로 인해 두 가지 문제가 발생합니다.

1) 원격 링백톤(Remote Ring back) 문제

180 Ringing 메시지를 전달받은 앨리스의 전화기는 링백톤을 재생해야 합니다. 앨리스의 전화기는 미디어 채널 협상이 완료되지 않은 시점이므로 자체적으로 로컬 링백톤을 재생합니다. 즉, 미디어 채널이 개방되지 않아도 전화기가 "드르륵드르륵" 소리를 만들어 주면 발신자는 통화가 정상적으로 이루진 다고 생각합니다. 그러나, 우리는 컬러링이나 착신 측이 보내주는 원격 링백톤을 사용합니다. 발신자인 앨리스가 최신 음악의 컬러링을 듣게 하기 위해서는 미디어 채널 협상이 180 Ringing 이전에 끝나야 합니다.

2) 미디어 클리핑 (Media Clipping) 문제

사람들은 수화기를 들자마자 "여보세요"라고 말하지만, ACK 를 수신하기 전까지 미디어 채널은 개방되지 않습니다. 또한, SIP 시그널링은 다수의 SIP Proxy 를 거치지만 음성을 전달하는 RTP 는 전화기와 전화기 간에 최단 경로를 이용합니다. RTP 가 SIP 시그널링보다 더 빨리 전달될 가능성이 높기 때문에 Media Clipping 이 발생할 가능성은 높습니다. Media Clipping 이란 밥의 "여보세요" 가 앨리스에게는 "보세요"라고 들리는 것처럼 선두음이 잘리는 현상 입니다.

3. 해결책

인터넷을 이용한 전화는 원격 링백톤과 미디어 클리핑 문제는 반드시 해결해야 합니다. 어떻게 해결할 수 있는 지를 생각해 보겠습니다.

미디어 클리핑(Media Clipping) 문제를 해결하기 위해서는 SDP Early Offer 협상으로 필요합니다. UAC (발신자)가 SDP Offer 를 전송하자마자 수신되는 미디어 패킷을 재생할 준비를 하기 때문입니다.

컬러링과 원격 링백톤 문제를 해결하기 위해서는 180 Ringing 이전에 SDP Offer 와 SDP Answer 협상을 완료하고 미디어 채널을 개방해야 합니다. 지금까지 살펴본 SIP 호 절차를 활용한 SDP 협상은 미디어 채널을 더 일찍 개방할 수 없습니다. 미디어 채널 협상을 더 일찍 완료하기 위한 새로운 SIP 메쏘드를 고민해야 해야 합니다.

17 장. Early Media 의 이해

1. Early Media 의 개요

RFC 3960 Early Media and Ringing Tone Generation in the SIP (SIP 에서 Early Media 와 링백톤)에서 원격 링백톤 문제를 해결하기 위한 방법으로 Early Media 를 제시합니다. Early Media 는 Early Media Session 으로 전달되는 미디어(음성)입니다. Early Media Session 은 최종 응답 이전에 개방되는 세션이고 최종 응답 이후는 Regular Media Session 이 개방됩니다. Early Offer 의 최종 응답은 200 OK 이고 Delayed Offer 의 최종 응답은 ACK 입니다.

2. 링백톤 재생 방식

PSTN 망에서 수신자가 Alert 메시지를 보내면, 발신 측의 PBX 가 로컬 링백톤을 재생하거나 컬러링을 이용할 경우에는 컬러링 서버와의 미디어 채널을 개방합니다. SIP 망에서 링백을 재생하는 방법은 링백톤, 전화기 디스플레이의 단순 메시지 또는 그림, 동영상 등 다양하므로 표준화된 방법은 없지만 PSTN 의 방식을 준용합니다.

SIP 전화기는 180 Ringing 수신 후 원격에서 링백톤이나 컬러링이 수신되지 않을 경우에 로컬 링백톤을 재생합니다. 만일 재생 중에 Announcement 또는 컬러링이 UAS 로부터 전달되면 UAC 는 로컬 링백톤 재생을 중단하고 UAS 로부터 전달되는 미디어를 재생합니다. 하지만 UAS 는 early media 를 전송하려는 의도 없이 Early Media Session 을 개방하거나 Early Media Session 개방 전에 Early Media 를 보낼 수도 있습니다. 발신 전화기인 UAC 는 로컬 링백을 재생해야 할지 원격 링백을 기다려야 할지 결정할 수 없습니다. UAC 는 링백 재생에 관한 정책이 필요합니다.

- 180 Ringing 을 수신하지 않는다면, 로컬 링백을 재생하지 않는다.
- 180 Ringing 을 수신하였으나 미디어 패킷이 없다면, 로컬 링백을 재생한다.
- 180 Ringing 을 수신하고 Media 패킷이 있다면, 미디어를 재생하고 로컬 링백을 재생하지 않는다.

180 Ringing 은 수신 측의 전화기가 울리고 있음을 의미하며, UAS 는 Early Media Session 의 상태와 상관없이 응답을 보내야 합니다. 이 정책은 미디어 게이트웨이나 미디어 게이트웨이 컨트롤러에서 구현하기는 어렵지만, Media Clipping 을 제거하기 위해 들어오는 미디어 패킷을 재생해야 합니다.

3. 게이트웨이 모델과 애플리케이션 서버 모델

SIP 는 다른 시그널링 프로토콜과 달리 UAC 가 로컬 링백을 재생하지 않도록 할 수 있는 Early Media indicator 가 없습니다. UAS 가 원격 링백톤 이나 announcement 를 제공하려는 의도를 UAC 에게 전달할 수 없습니다. 또한, SIP 와 Media 의 경로가 서로 달라서 SIP 시그널링보다 Media 가 먼저 도착할 가능성이 있습니다. 이를 해결하기 위해 RFC 3960 Early Media and Ringing Tone Generation in the SIP 에서는 링백톤 재생을 위한 게이트웨이 모델과 애플리케이션 모델을 제시합니다.

1) 게이트웨이 모델

게이트웨이 모델은 단말(UA)이 Early Media 와 Regular Media 를 구분할 수 없을 때만 사용됩니다. PSTN Gateway 또는 Voice Gateway 에서 주로 사용합니다. 게이트웨이는 PSTN 과 IP 네트워크를 서로 연결해 주지만 미디어의 내용을 알 수 없으므로 Early Media 와 Regular Media 간의 전환을 정확히 인지하지 못합니다.

게이트웨이 모델은 call forking 시 media clipping 이 발생하는 점과 미디어 검출을 통해 로컬 링백을 적당하게 재생해야 하는 문제가 있습니다. RFC 3959 The Early Session Disposition Type for the SIP 에서 게이트웨이 모델의 Early Media 문제를 언급합니다. Call Forking 의 경우 UAC 는 Early Media 를 보내는 UAS 의 미디어를 모두 재생하지 않고 랜덤 하게 한 개의 Early Media 만을 재생하고 나머지는 묵음(Mute) 처리합니다. 만일 200 OK 를 보내는 UAS 가 묵음 처리되었다면 묵음 해제 (Unmute)를 위해 새로운 Offer/Answer 교환이 필요하므로 Media Clipping 이 발생합니다.

따라서, Call Forking 상황에서 미디어 클리핑 문제를 해결하기 위해서는 애플리케이션 서버 모델이 필요합니다.

2) 애플리케이션 서버 모델

Call Forking 상황에서 UAS 들은 Regular Media 를 위한 SDP Offer/Answer 교환과는 독립적인 Early Media 를 위한 Offer/Answer 교환이 필요합니다. 애플리케이션 서버 모델은 Early Media Session 을 설립하기 위해 UAS 가 애플리케이션 서버의 역할을 합니다. UAC 와 UAC 는 Regular Media Session 과 Early Media Session 을 위한 SDP Offer/Answer 협상을 각각 진행합니다. UAC 는 정확한 시점에 Early Media 와 Regular Media 로 전환합니다.

4. 애플리케이션 서버 모델 구현하기

애플리케이션 서버 모델을 구현하기 위한 가장 효과적인 방법은 기존 다이얼로그와 다른 다이얼로그를 생성하는 것입니다. 두 개의 다이얼로그가 생성되므로 라우팅 가능한 별도의 URI 가 필요하지만, UAC 는 Early Media 다이얼로그를 정확한 시점에 Regular Media 다이얼로그와 연결합니다.

하지만, 하나의 다이얼로그에서 두 개의 미디어 채널에 대한 SDP Offer/Answer 교환을 하는 것은 여러 가지 장점이 있습니다. 첫 째는 호 처리 절차가 단순합니다. 두 번째는 동기화 문제가 없습니다. 세션 생성이 완료될 때 Early Media 다이얼로그가 종료됩니다. 세 번째는 Early Media 를 위한 라우팅 가능한 URI 가 필요 없습니다. 네 번째는 부가 서비스 적용 시 문제를 일으키지 않습니다. 다섯 번 째는 방화벽 투과 및 관리가 쉽습니다.

결국 애플리케이션 서버 모델을 이용하여 하나의 다이얼로그로 Early Media Session 과 Regular Media Session 을 함께 처리하는 것이 가장 현실적인 방안입니다. 애플리케이션 서버 모델을 구현하기 위해 새로운 SIP 헤더를 사용하더라도 SDP Answer 가 빨라도 200 OK 입니다. Early Media 를 전송하기 위해서 180 Ringing 과 동시에 개방되어야 하지만, 현재의 Call Flow 로는 불가능합니다. 새로운 SIP 메쏘드가 필요합니다.

18 장. Early Media 를 위한 SIP 헤더의 이해

1. Early Media Session 설립하기 위한 새로운 SIP 헤더

Early Media Session 을 기존 다이얼로그에서 생성하기 위해 Content-Disposition 헤더를 이용합니다. Content-Disposition 헤더는 'early-session'이라는 새로운 disposition type 을 정의하고, Require 와 Supported 헤더에 'early-session'이라는 옵션 태그를 정의하여 early-session disposition type 을 표시합니다.

2. Content-Disposition 헤더의 이해

RFC 3959 The Early Session Disposition Type for the SIP 권고안은 Early Media Session 과 Regular Media Session 이 같은 코덱을 사용할 것을 권고합니다. RFC 3959 의 예제는 Early Media 세션을 개방하는 과정을 잘 설명합니다.

앨리스는 SIP INVITE 요청과 SDP Offer 를 발행하면서 Regular Media Session 에 대한 협상을 시작합니다. 밥은 183 Session Progress 에서 Regular Media Session 에 대한 SDP Answer 와 함께 Early Media Session 에 대한 SDP Offer 를 협상을 시작합니다. Early Media Session 은 Regular Media Session 협상 전에 이루어져야 합니다. 하지만, 앨리스는 200 OK 이전에 밥에게 SDP Answer 를 전달할 수 있는 호 절차가 없습니다. 앨리스는 기존 호 절차에서 사용하는 요청과 응답이 아닌 새로운 SIP 메쏘드가 필요합니다.

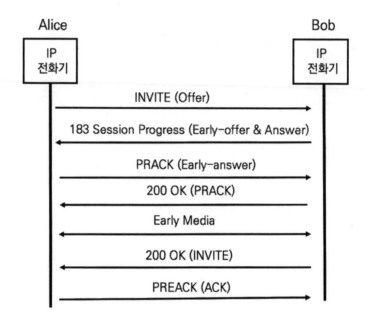

<그림 18-1> PRACK 메쏘드를 활용한 Early Media 협상

PRACK 은 Provisional Response ACKnowledgement 의 준말로 아직 설립되지 않은 세션에 신뢰할 수 있는 최종 응답을 제공합니다. PRACK 에 대해서는 다음 장에서 자세히 설명할 것이므로 여기서는 SIP 헤더만을 위주로 설명합니다.

1) 앨리스의 INVITE (SDP Offer)

앨리스는 SIP INVITE 메시지와 Regular Media Session 에 대한 SDP Offer 를 전달합니다.

```
...
Content-Type: application/sdp
Content-Disposition: session


v=0
o=alice 2890844730 2890844731 IN IP4 host.example.com
s=
c=IN IP4 192.0.2.1
t=0 0
m=audio 20000 RTP/AVP 0
```

SIP INVITE 메시지에 'Content-Disposition: session' 헤더를 에 추가함으로써, 현재의 SDP Offer 가 Regular Media Session 에 대한 협상임을 표시합니다.

2) 밥의 183 Session Progress (Early Offer & Answer)

밥은 183 Session Progress 메시지와 함께 SDP 협상을 발행합니다. SDP 협상은 Early Media Session 에 대한 Offer 와 Regular Media Session 에 대한 Answer 입니다.

```
...
Content-Type: multipart/mixed; boundary="boundary1"
Content-Length: 401--boundary1
Content-Type: application/sdp
Content-Disposition: session

v=0
o=Bob 2890844725 2890844725 IN IP4 host.example.org
s=
c=IN IP4 192.0.2.2
t=0 0
```

```
m=audio 30000 RTP/AVP 0

--boundary1
Content-Type: application/sdp
Content-Disposition: early-session

v=0
o=Bob 2890844714 2890844714 IN IP4 host.example.org
s=
c=IN IP4 192.0.2.2
t=0 0
m=audio 30002 RTP/AVP 0
--boundary1--
```

'Content-Type: multipart/mixed'를 통해 여러 SDP 세션에 대한 정보가 포함되어 있음을 표시합니다. Content-Disposition 헤더는 Regular Media Session 을 위한 'session'과 Early Media Session 을 위한 'early-session'을 정의하고 각각의 미디어 속성 파라미터를 협상합니다.

3) 앨리스의 PRACK (Early Answer)

앨리스는 PRACK 메쏘드를 이용하여 Early Offer 에 대한 Answer 를 200 OK 이전에 수행하여 Early Media Session 협상을 완료합니다.

```
...
Content-Type: application/sdp
Content-Disposition: early-session

v=0
o=alice 2890844717 2890844717 IN IP4 host.example.com
s=
c=IN IP4 192.0.2.1
```

```
t=0 0
m=audio 20002 RTP/AVP 0
```

3. Early Media Session 설립을 위한 또 다른 방법

기존 다이얼로그를 유지하면서 Early Media Session 을 만들기 위해 Content-Disposition 헤더를 사용하고, 신뢰할 수 있는 응답을 받기 위해 PRACK 을 사용합니다. PRACK 은 전화기와 전화기 간 또는 전화기와 게이트웨이 간에 링백톤을 전달할 때 유용한 방법입니다. 컬러링을 이용하더라도 컬러링 서비스가 음성 게이트웨이를 통해 들어오기 때문에 PRACK 으로 충분합니다. 그러나 인터넷 전화에서 링백을 위해 UAS 가 아닌 컬러링 서버에서 직접 음원을 받아야 하는 경우에는 같은 다이얼로그가 아닌 별도의 다이얼로그를 생성하는 것이 훨씬 편리합니다. Early Media Session 을 만들기 위한 다른 방법을 고민해 봅니다.

19 장. SIP PRACK 의 이해

1. 응답의 두 가지 유형

기본 SIP Call Flow 는 INVITE / 200 OK / ACK 의 3 way Hand-shake 입니다. 실제 통화에서는 옵션 메시지인 100 Trying 과 180 Ringing 이 추가됩니다.

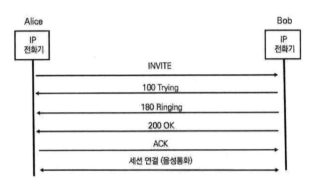

<그림 19-1> 일반적인 SIP Call Flow

RFC 3261 에 따르면, 신뢰할 수 있는 응답과 신뢰할 수 없는 응답이 있습니다.

· Final Response (최종 응답)
  요청(Request)에 대한 처리의 결과로써 생성
  요청에 대한 응답으로 동작하므로 신뢰할 수 있는 응답 제공
  예) INVITE 에 대한 200 OK 와 200 OK 에 대한 ACK

· Provisional Response (임의 응답)
  요청(Request)에 대한 처리 중인 정보를 제공

전달 후에 응답을 기다리지 않으므로 신뢰할 수 없는 응답
예) 100 Trying 과 183 Session Progress

2. 아직 설립되지 않은 세션에 신뢰할 수 있는 응답이 필요한 이유

UAS 전화기는 100 Trying 또는 183 Session Progress 와 같은 메시지를 200 OK Response 이전에 전송하면서 필요한 정보를 전달합니다. UAC 전화기는 INVITE 요청을 송신한 후 ACK 메쏘드 전까지는 정보를 전달할 방법이 없습니다. 즉, UAC 는 200 OK 이전에 신뢰할 수 있는 응답을 제공하기 위해서는 기본적인 SIP 호 프로시저와 다른 방법이 필요합니다.

그렇다면 왜 200 OK 이전에 신뢰할 수 있는 응답을 제공해야 할까요? 200 OK 전에 Early Media Session 을 위한 SDP 협상이 완료되기 위해 필요하기 때문입니다. UAS 가 100 Trying 에 SDP Offer 를 실을 경우에 UAC 의 즉각적인 응답을 기대할 수 없습니다. UAC 는 상대방이 수화기를 들고 200 OK 를 보내주어야만 응답할 수 있는 ACK 에 SDP Answer 를 실을 수 있습니다. 그래서, 200 OK 이전에 언제든지 SDP Offer 에 즉각적인 SDP Answer 를 제공할 수 있는 방안이 필요합니다.

또한, 임의 응답 (Provisional Response)인 180 Ringing 에 대한 신뢰할 수 있는 응답을 받아야 할 경우에도 PRACK 은 유용합니다.

3. PRACK 의 이해

PRACK 은 Provisional Response ACKnowledgement 의 약어로 RFC 3262 Reliability of Provisional Responses in the SIP 에서 정의합니다. PRACK 은 아직 설립되지 않은 세션에 대한 신뢰할 수 있는 응답을 제공하는 Provisional ACK 입니다. PRACK 은 일반적인 요청과 마찬가지로 200 OK 응답을 받습니다.

PRACK 은 INVITE 에 대한 100 Trying 이외의 101 부터 199 Response 에 대해서 신뢰할 수 있는 응답을 제공합니다. 100 Trying 은 hop-by-hop 으로 이루어지는 것으로 end-to-end 메커니즘이 아닙니다. hop-by-hop 은 100 Trying 이 INVITE 의 최종 수신자인 밥에 의해 생성되는 것이 아니라 중간의 SIP Proxy 서버가 생성한다는 의미입니다.

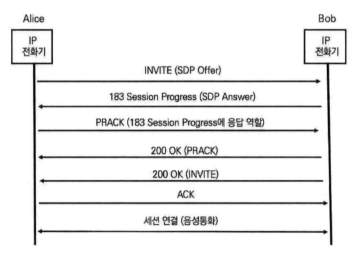

<그림 19-2> PRACK

PRACK 은 INVITE 에 대한 200 OK 최종 응답(Final Response)
전에 UAC 에 의해 생성되며 183 Session Progress 라는 Provisional
Response 에 대한 응답이 PRACK 에 포함됩니다. SIP 호 절차에 따른
메시지를 분석해 보겠습니다.

1) 앨리스의 INVITE (SDP Offer)

앨리스는 밥에게 SDP Offer 를 포함한 INVITE 요청을 발행합니다.

```
INVITE sip:bob@192.168.10.20 SIP/2.0
Via: SIP/2.0/TCP pc33.atlanta.com;branch=z9hG4bK776asdhds
Max-Forwards: 70
To: Bob sip:bob@biloxi.com
From: Alice <sip:alice@atlanta.com>;tag=1928301774
Call-ID:a84b4c76e66710@pc33.atlanta.com
CSeq: 314159 INVITE
Contact: sip:alice@pc33.atlanta.com
Requires: 100rel
Content-Type: application/sdp
Content-Length: 142(SDP 정보는 생략)
```

Requires 헤더는 100rel 메시지를 포함합니다. 100rel 은
Provisional Response 에 대한 신뢰성을 제공하기 위한 Option Tag
입니다. UA 들은 신뢰할 수 있는 Provisional Response 주고받을 수
있습니다.

2) 밥의 183 Session Progress (SDP Answer)

183 Session Progress 는 임의 응답(Provisional Response) 입니다.

```
SIP/2.0 183 Session Progress
Via: SIP/2.0/TCP pc33.atlanta.com;branch=z9hG4bK776asdhds
To: Bob sip:bob@biloxi.com
From: Alice <sip:alice@atlanta.com>;tag=1928301774
Call-ID:a84b4c76e66710@pc33.atlanta.com
CSeq: 314159 INVITE
RSeq: 813520
Contact: sip:alice@pc33.atlanta.com
Content-Type:application/sdp
Content-Length: 235(SDP 정보 생략)
```

Provisional Response 는 Rseq 헤더로 sequence number 를 제공합니다. 만일, UAS 가 100rel 을 지원하지 않는다면, 420 Bad Extension 응답으로 거절하고 Unsupported 헤더에 사유를 명기합니다.

3) 앨리스의 PRACK (183 Session Progress)

PRACK 메쏘드는 183 Session Progress 응답에 대한 신뢰할 수 있는 응답을 나타냅니다. 즉, 183 Session Progress 를 수신했음을 통지합니다.

```
PRACK sip:bob@192.168.10.20 SIP/2.0
Via: SIP/2.0/TCP pc33.atlanta.com;branch=z9hG4bK776asi98JK
Max-Forwards: 70
To: Bob sip:bob@biloxi.com
From: Alice <sip:alice@atlanta.com>;tag=1928301774
Call-ID:a84b4c76e66710@pc33.atlanta.com
CSeq: 314159
RAck: 813520 314159 INVITE
Contact: sip:alice@pc33.atlanta.com
Content-Length: 0
```

183 Session Progress 의 Rseq 헤더의 값은 813520 으로 PRACK 의 RAck 헤더 값과 동일합니다. 즉, PRACK 요청은 183 Session Progress 헤더에 신뢰할 수 있는 응답을 제시하는 ACK 를 의미합니다.

4) 200 OK (PRACK)

PRACK 요청에 대한 처리 결과로 신뢰할 수 있는 응답을 제공하는 200 OK 입니다

```
200 OK sip:bob@192.168.10.20 SIP/2.0
Via: SIP/2.0/TCP pc33.atlanta.com;branch=z9hG4bK776asi98JK ;
received=10.1.3.33
To: Bob <sip:bob@biloxi.com>; tag=a6c85e3
From: Alice <sip:alice@atlanta.com>;tag=1928301774
Call-ID:a84b4c76e66710@pc33.atlanta.com
CSeq: 314159 PRACK
Contact: sip:alice@pc33.atlanta.com
Content-Length: 0
```

4. PRACK 을 통해 신뢰할 수 있는 SDP 협상하기

SDP Early Offer 로 Early Media 를 협상한다면 INVITE 에서 SDP Offer 가 발행하고 180 Ringing 이나 183 Session Progress 에서 SDP Answer 를 합니다. PRACK 은 200 OK 최종 응답(Final Response) 이전에 세션 파라미터에 대한 협상을 위해 사용합니다. PRACK 은 183 Session Progress 와 함께 전달된 SDP Answer 가 정상적으로 전달되었음을 확인하여 주었으므로 3 way Handshake 를 완료합니다.

Delayed Offer 로 Early Media 를 협상한다면 180 Ringing 이나 183 Session Progress 에서 SDP Offer 를 발행하고 PRACK 에서 SDP Answer 합니다. PRACK 에 대해서는 200 OK 가 전달되면서 3- way Handshake 를 완료합니다.

20 장. re-INVITE 의 이해

1. 세션 설립 후 세션 파라미터 재협상하기

통화 중에 호 보류와 같은 부가 서비스를 구현하기 위해서는 미디어 스트림의 주소, 미디어의 방향 또는 코덱을 변경해야 합니다. 통화 중에도 SDP 협상을 진행하기 위한 SIP 메쏘드가 필요하지만, SIP 세션 설립 후 사용 가능한 SIP 메쏘드는 BYE 뿐입니다. BYE 메쏘드는 세션을 종료할 때 사용 가능하므로 새로운 SIP 메쏘드를 활용하거나 사용한 가능한 기존 메쏘드를 활용합니다.

우선은 기존 메쏘드를 활용하는 방법을 살펴봅니다. 기존 SIP INVITE 메쏘드를 이용하여 세션 파라미터를 재협상합니다. 세션 설립 후에 세션 파라미터를 협상하기 위해 생성되는 INVITE 를 re-INVITE 라고 합니다. 단순히 기존 세션의 INVITE 와 구분하기 위해 달리 부르는 것으로 re-INVITE/200 OK/ACK 로 동일하게 동작합니다. re-INIVTE 메쏘드는 호 보류 (Call Hold)와 같은 서비스를 구동하려는 목적으로 많이 활용됩니다.

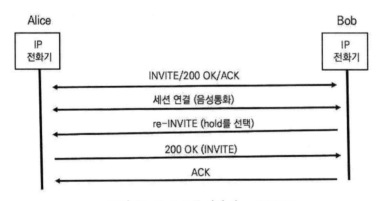

<그림 20-1> 호 보류 선택 시 re-INVITE

앨리스와 밥은 통화 중입니다. 밥은 전화 부가서비스를 호출하기 위해 보류(Hold) 버튼을 선택하면, re-INVITE 메시지가 발행됩니다. 새로운 INVITE 가 발행되므로 새로운 다이얼로그가 생성됩니다.

2. re-INVITE 의 대표적 사례 - 호 보류 (Call Hold)

호 보류는 전화기에 보류 버튼이 있을 만큼 IP Telephony 네트워크에서 자주 사용하는 부가 기능입니다. 삼자 통화를 하거나 회의로 전환하거나 할 때 사용합니다. re-INVITE 를 이용하는 호 보류 서비스의 구현에 대해 간단하게 정리합니다.

· 미디어 스트림의 방향 변경에 의한 호 보류
일반적으로 사용자가 Hold 버튼을 누르는 순간 미디어 방향을 'a=sendonly'로 변경합니다. 사용자의 전화기는 묵음(Mute)이 되어 상대방에게 미디어를 전달하지 않습니다. 통화 중인 상대방은 'a=recvonly' 상태에 놓이거나 'a=inactive'로 세션 파라미터를 변경한다

· 0.0.0.0 으로 미디어의 접속 주소 변경에 의한 호 보류
RFC 3261 및 RFC 2543 에 명시된 방법으로 'c=0.0.0.0'으로 연결될 IP 주소를 바꾸는 방법입니다. 보안상 위험하므로 RFC 3264 에서 추천하지 않습니다. 원래의 미디어 세션을 단절할 뿐만 아니라 IPv6 에서는 동작하지 않습니다.

21 장. SIP UPDATE 의 이해

1. re-INVITE 메쏘드로 세션 파라미터 재협상이 불가한 상황

설립된 세션에 대한 세션 파라미터를 재협상하기 위해서는 INVITE 메쏘드를 이용하여 새로운 다이얼로그를 만듭니다. 하지만, 호 보류 상황에서 re-INVITE 메쏘드를 사용할 수 없는 상황이 있습니다.

앨리스의 전화기는 INVITE 를 전송한 후 180 Ringing 을 받아 링백톤을 재생합니다. 밥은 벨 소리를 듣고 수화기를 들기 전에 호 전환을 위해 호 보류 버튼을 누릅니다. 즉, 200 OK 가 전송되기 전에 호 보류 서비스를 호출합니다.

re-INVITE 는 INVITE / 200 OK / ACK 이후 세션 설립이 완료된 후에 사용하는 메쏘드입니다. 200 OK 이전에 새로운 다이얼로그를 생성할 수 없으므로 기존 다이얼로그를 유지하면서 세션 파라미터를 재협상해야 합니다. re-INVITE 메쏘드를 사용할 수 없는 상황을 위한 새로운 메쏘드가 필요합니다.

2. UPDATE 메쏘드의 이해

UPDATE 메쏘드는 RFC 3311 The SIP UPDATE Method 에서 정의합니다. re-INVITE 와 달리 UPDATE 메쏘드는 다이얼로그를 유지하면서 세션 파라미터를 재협상합니다.

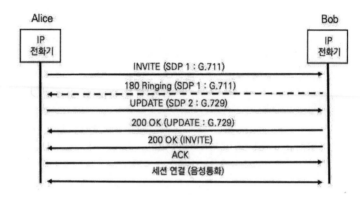

<그림 21-1> Update 메쏘드

UPDATE 는 INVITE/200 OK/ACK 이전에 세션 협상이 완료된 상황에서 세션 파라미터를 변경하기 위해 사용하고, re-INVITE 는 INVITE/200 OK/ACK 이후에 세션 파라미터를 변경하기 위해 사용합니다. 세션 협상 완료된 후 통화 중에 기존 다이얼로그를 유지하기 위해 UPDATE 를 사용할 수 있지만, re-INVITE 를 이용하여 새로운 다이얼로그를 생성하는 것이 일반적입니다.

UPDATE 메쏘드를 이용하여 세션 설립 이전에 G.711 코덱에서 G.729 코덱으로 변환하는 과정을 정리합니다.

1) 앨리스의 'INVITE (SDP1 : G.711 Offer)'

앨리스는 INVITE 와 함께 G.711 코덱을 사용하는 미디어 세션에 대해 SDP Offer 를 제안합니다.

> INVITE sip:bob@biloxi.com/TCP SIP/2.0
> Via: SIP/2.0/TCP pc33.atlanta.com;branch=z9hG4bK776asdhds

```
Max-Forwards: 70
To: Bob sip:bob@biloxi.com
From: Alice <sip:alice@atlanta.com>;tag=1928
Call-ID:a84b4c76e66710@pc33.atlanta.com
Allow: UPDATE
CSeq: 22756 INVITE
Contact: sip:alice@pc33.atlanta.com
Requires: 100rel
Content-Type: application/sdp
Content-Length: 142

(SDP 정보는 생략, G711 코덱을 Offer)
```

Allow 헤더는 사용 가능한 메쏘드를 명기합니다. UAC 인 앨리스는 'Allow: UPDATE'를 선언하여 UPDATE 메쏘드 사용이 가능합니다. 또한, 'Requires:100rel' 이므로 임의 응답(Provisional Response)에 대한 신뢰할 수 있는 응답을 제공할 수 있습니다.

2) 밥의 '180 Ringing (SDP1 : G.711 Answer)'

밥은 180 Ringing 과 함께 G.711 코덱을 사용하는 미디어 세션에 대해 SDP Answer 를 전달합니다.

```
SIP/2.0 180 Ringing
Via: SIP/2.0/TCP pc33.atlanta.com;branch=z9hG4bK776asdhds
To: Bob sip:bob@biloxi.com
From: Alice <sip:alice@atlanta.com>;tag=1928
Call-ID:a84b4c76e66710@pc33.atlanta.com
Allow: UPDATE
CSeq: 22756 INVITE
RSeq: 813520
Contact: sip:alice@pc33.atlanta.com
Content-Type: application/sdp
```

Content-Length: 142

(SDP 정보는 생략, G.711 코덱을 Answer)

UAS 인 밥은 'Allow :UPDATE'를 선언하여 UPDATE 메쏘드 사용이 가능합니다. RSeq 가 주어져 신뢰할 수 있는 응답이 필요할 경우 사용할 수 있습니다.

3) 앨리스의 'UPDATE (SDP2 : G.729 Offer)

앨리스는 200 OK 이전에 UPDATE 메쏘드로 코덱을 G.711 에서 G.729 로 변경합니다.

UPDATE sip:bob@biloxi.com/TCP SIP/2.0
Via: SIP/2.0/TCP pc33.atlanta.com;branch=z9hG4bK776asdhds
Max-Forwards: 70
To: Bob sip:bob@biloxi.com
From: Alice <sip:alice@atlanta.com>;tag=1928
Call-ID:a84b4c76e66710@pc33.atlanta.com
CSeq: 10197 UPDATE
Contact: sip:alice@pc33.atlanta.com
Content-Type: application/sdp
Content-Length: 142

(SDP 정보는 생략, G.729 코덱을 Offer)

4) 정리

나머지 과정은 생략합니다. UPDATE 에 대한 200 OK 응답은 G.729 Answer 를 합니다.

5. PRACK 과 UPDATE

PRACK 과 UPDATE 에 대한 이해를 돕기 위해 RFC 3311 The SIP UPDATE Method 의 예시를 살펴보겠습니다.

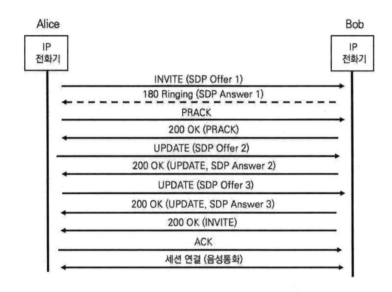

<그림 22-2> PRACK 과 UPDATE

1) 1 차 세션 파라미터 협상 (SDP 1)

1 차 SDP 제안과 수락 (Offer & Answer) 협상은 앨리스의 INVITE 요청과 밥의 180 Ringing 응답으로 이루어졌습니다. 앨리스는 180 Ringing 응답을 정확히 수신했음을 통지하기 위해 PRACK 을 발행합니다. 여기서, PRACK 은 INVITE 에 대한 200 OK 이전에 신뢰할 만한 응답을 제공합니다.

2) 2 차 세션 파라미터 협상 (SDP 2)

앨리스가 180 Ringing 이후에 링백톤을 듣다가 호 보류 버튼을 누릅니다. 2 차 SDP 제안과 수락 (Offer & Answer) 협상은 앨리스의 UPDATE 요청과 200 OK (UPDATE) 응답으로 이루어졌습니다.

3) 3 차 세션 파라미터 협상 (SDP 3)

앨리스는 호 보류를 해제합니다. 3 차 SDP 제안과 수락 (Offer & Answer) 협상은 앨리스의 UPDATE 요청과 200 OK (UPDATE) 응답으로 이루어졌습니다.

7. 정리

PRACK 과 UPDATE 는 기존의 다이얼로그를 변경하지 않으면서 세션 설립 이전에 사용됩니다. 기본적으로 PRACK 과 UPDATE 는 용도가 전혀 다릅니다. PRACK 은 100 Trying 을 제외한 1xx 응답에 대한 신뢰할 수 있는 응답을 주기 위해 사용하고, UPDATE 는 기존 다이얼로그 내에 세션 파라미터를 변경하기 위해서 사용합니다. re-INVITE 는 세션 설립이 완료된 후에 새로운 다이얼로그로 세션 파라미터를 변경하기 위해 사용합니다.

22 장. SIP INFO 와 DTMF 의 이해

1. SIP INFO 의 이해

SIP 세션과 관련된 SIP 메쏘드는 다음과 같이 나눕니다.

- SIP 세션 설립을 위한 메쏘드 : INVITE / 200 OK / ACK
- SIP 세션 종료를 위한 메쏘드 : BYE
- SIP 세션 변경을 위한 메쏘드 : UPDATE / re-INVITE

UA 가 설립된 SIP 세션에 대한 정보를 요청할 필요가 있습니다. SIP OPTIONS 메쏘드는 SIP 세션이 아니라 UA 에 대한 Capability 정보를 요청하는 것이므로 적절하지 않습니다. 새로운 SIP 메쏘드가 필요합니다. SIP INFO 는 RFC 2976 The SIP INFO Method 에서 정의하고, 설립된 SIP 세션에 대한 정보 요청과 애플리케이션 레벨의 단순 정보 전송에 사용합니다. SIP INFO 가 전송하는 정보는 다음과 같습니다.

- PSTN 게이트웨이 간에 PSTN Signaling 메시지 전송
- DTMF Digits(숫자) 전송
- 무선 모빌리티 애플리케이션 지원을 위한 무선 신호의 세기 전송
- 은행 계좌 잔액을 조회하는 정보
- 통화자 간에 이미지나 텍스트와 같은 정보를 전송

2. SIP INFO 메시지 분석

SIP INFO 는 전송할 정보는 SIP INFO 의 헤더가 아닌 SIP 메시지 바디를 사용합니다. SIP INFO 는 은행의 자동응답 시스템(ARS, Automatic Response System)과 연결하여 계좌번호나 비밀번호 등을 전달합니다.

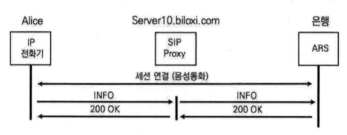

<그림 22-1> SIP INFO

앨리스는 은행 ARS 시스템에 접속하여 요청받은 비밀번호를 전화기 키패드에서 숫자(Digits)를 눌러서 전달합니다. 실제는 다수의 SIP INFO 와 200 OK 로 구성됩니다.

1) 앨리스의 'INFO'
앨리스는 은행 ARS 자동응답 시스템에 접속한 후에 요청받은 정보를 전달합니다.

```
INFO sip:ARS@192.168.10.20 SIP/2.0
Via: SIP/2.0/TCP pc33.atlanta.com;branch=z9hG4bK776asegma
Max-Forwards: 70
To: Bank sip:Bank@Bank.com
From: Alice <sip:alice@atlanta.com>;tag=1928301774
Call-ID:a84b4c76e66710@pc33.atlanta.com
CSeq: 22756 INFO
Contact: sip:alice@pc33.atlanta.com
```

Content-Type: text/plain
Content-Length: 163

　1 8 1 9 6 2

　은행은 기존 Call-ID 와 동일한 SIP INFO 를 수신합니다. Content-Type 을 text/plain 으로 하여 3181962 번호를 전달합니다.

2) 응답

SIP INFO 메시지를 수신한 후 200 OK 외에 다음과 같은 응답을 사용할 수 있습니다.

· 481 Call leg / Transaction Dose not Exist
　수신된 INFO 가 기존의 Call Leg 와 매치가 되지 않음

· 415 Unsupported Media Type
　UAS 가 이해할 수 없는 메시지 바디를 포함하므로 처리 없음

· 487 Request Terminated
　SIP INFO 요청을 처리 중에 CANCEL 메쏘드를 받음

3. SIP INFO 에서 Content-Type 의 문제

　RFC 2976 에서 SIP INFO 의 메시지 바디에 Digit 을 실어 보내도록 되어 있지만, Content-Type 에 대한 정확한 형식을 규정하지 않아 제조사별로 구현 방식이 다릅니다. 서로 다른 제조사의 장비 간의

DTMF 테스트 중일 때는 Contents-type 을 동일하게 명기하는 지를 확인할 필요가 있습니다. DTMF 를 위한 SIP INFO 의 Content-Type 헤더 값이 다를 수 있습니다.

- Contents-type; audio/telephone-event
- Contents-type; application/vnd.networks.digits
- Content-Type: text/plain

4. DTMF 의 이해

DTMF 는 Dual Tone Multi Frequency 의 약어로 2 개의 주파수 성분을 갖는 신호를 의미합니다. DTMF 는 전송할 숫자를 2 개의 주파수로 변환하므로 1 개의 주파수를 사용하는 Pulse 보다 안정적입니다. 전화기의 키패드의 숫자를 누를 때마다 들리는 삐 소리가 주파수의 소리입니다. ARS 자동응답 시스템은 주파수를 듣고 숫자로 변환합니다. 즉, DTMF 는 전화기가 전송하는 숫자(Digits)를 상대측 장비가 정확히 수신하도록 합니다. DTMF 전달 방식은 크게 두 가지로 두 가지로 나뉩니다.

1) Out of band 방식

Out of band 방식은 시그널링 경로로 DTMF 신호를 전달합니다. 전화기나 게이트웨이가 음성을 전달하는 미디어(RTP) 채널로 DTMF 신호음을 전달하지 않고 숫자로 변환하여 시그널링 채널로 전달합니다. H.323 네트워크에서는 H.245 채널을 이용하고 SIP 네트워크에서는 SIP INFO 를 이용합니다.

Out of band 방식은 DTMF Duration 에 대한 정보를 표현할 수 없으므로 숫자(Digit)를 길게 또는 짧게 누르는 것을 표현하지 못합니다. DTMF 를 전달하려는 발신자 숫자를 누른 시간만큼 삐 소리를 듣지만, 수신자는 발신자가 Digit 버튼에서 손가락을 떼는 순간 시그널링 경로로 메시지만 전달되어 짧은 삐 소리만 듣습니다.

SIP INFO 는 Out of band 방식으로 SIP 시그널링으로 전달되므로 안정적이고 잡음에 영향을 받지 않습니다.

2) In band 방식

In band 방식은 음성이 전달되는 Media 경로로 DTMF 신호를 전달합니다. 전화기나 게이트웨이가 음성을 전달하는 미디어(RTP) 채널에 DTMF 주파수를 그대로 전달하므로 DTMF Duration 까지도 전달합니다.

In band 방식은 시그널링과 상관없이 RTP 를 사용하는 모든 프로토콜에서 사용되고, Bypass 와 RFC 2833 방식으로 나뉩니다.

· Bypass 방식

Bypass 방식은 숫자(Digit)를 RTP 가 사용하는 압축 코덱으로 음성과 같이 보냅니다. 별도의 형식이나 협상이 필요 없이 IP 전화기나 게이트웨이가 숫자에 맞는 주파수를 생성하여 음성 채널로 그대로 전달합니다. G.711 이 아닌 G.729 나 G.723 과 같이 압축률이 높은 코덱을 사용할 경우 DTMF 톤의 주파수가 변형되거나 정보가 손실될 가능성이 있습니다.

· RFC 2833 방식

RFC 2833 방식은 음성과 같은 미디어 세션의 RTP 패킷에 DTMF 의 번호와 볼륨, 시간(duration)을 명시하여 전송합니다. Out of Band 의 단점인 주파수의 세기와 시간까지 전달하는 장점이 있습니다. RFC 2833 RTP Payload for DTMF Digits, Telephony Tones and Telephony Signals 권고안으로 정의합니다.

5. In band 방식의 SDP 협상

Bypass 와 RFC 2833 방식은 RTP 채널로 DTMF 를 전달합니다. SDP Offer / Answer 모델에서 진행되는 DTMF 협상을 살펴봅니다.

1) Bypass 방식의 SDP 협상

별도의 DTMF 협상 없이 음성 코덱만을 제안합니다. 전화기나 게이트웨이는 DTMF 를 기존 설립된 RTP 채널로 음성과 함께 전달합니다.

```
v=0
o=alice 2890844526 2890844526 IN IP4 atlanta.com
c=IN IP4 10.1.3.33
t=0 0
m=audio 49172 RTP/AVP 18
a=rtpmap:18 G729/8000
```

2) RFC 2833 방식의 SDP 협상

RFC 2833 DTMF 협상을 위해 페이로드 타입 (Payload Type) 101 을 협상합니다.

```
v=0
o=alice 2890844526 2890844526 IN IP4 atlanta.com
c=IN IP4 10.1.3.33
t=0 0
m=audio 49172 RTP/AVP 18 101
a=rtpmap:18 G729/8000
a=rtpmap:101 telephone-event/8000
```

6. RFC 2833 DTMF 의 정보 손실 방지 방안

RFC 2833 방식이 사용하는 RTP 채널은 UDP 로 전달되므로 수신
측으로부터 수신 확인에 대한 응답을 받지 못합니다. RFC 2833 은
DTMF 패킷 분실에 대한 위험을 분산하기 위해 하나의 숫자(digit)를
여러 번 전송합니다. SIP 단말들은 RFC 2833 방식의 DTMF 방식
선택 시 몇 개의 패킷을 보낼지를 설정합니다. 같은 In Band 방식의
Bypass 방식은 패킷 분실에 대한 대응 방안이 없습니다.

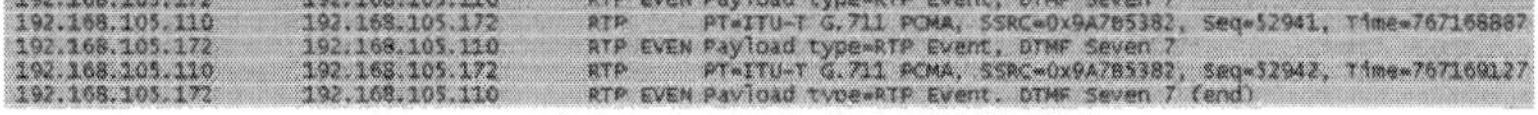

<그림 22-2> RFC 2833 패킷 캡처

DTMF 전송 방식은 항상 장애나 분실에 대비하여 애플리케이션
레벨의 전송 확인하는 절차를 둡니다. IVR (Interactive Voice
Response)이나 ARS 자동 응답 시스템은 수신된 숫자들(Digits)이
정확한지를 애플리케이션 레벨에서 확인하기 위해 재확인 멘트를

재생합니다. 예를 들어, "지금 전송한 회원 번호가 XXXX 이면 1 번, 아니면 2 번을 눌러 주세요"가 대표적입니다.

7. 흔한 DTMF 관련 장애

DTMF 전송에서 Out of band 를 사용할 경우 DTMF 가 두 번 중복으로 인식되는 경우가 있습니다. In band 방식은 사용자가 digit 버튼을 누르는 시점에 DTMF 톤을 보내지만, Out of band 방식은 사용자가 digit 버튼을 떼는 순간 보내기 때문입니다. 수신 단말이 Out of Band 로 들어온 DTMF 신호를 감지하면 RTP 채널에 있는 DTMF 신호를 제거해야 하는데 감지하는 속도가 떨어지면 초기의 DTMF 톤이 RTP 를 통해 나간 후에 제거가 시작되기 시작합니다. 이런 경우에 DTMF 를 수신하는 장비가 In band 로 들어온 DTMF 와 Out of band 로 들어온 DTMF 를 각각 인식합니다. 따라서, 시차를 두고 전송되는 DTMF 로 인해 사용자가 같은 숫자를 두 번 누른 것과 같은 현상이 발생할 수 있습니다.

전화기나 게이트웨이가 이런 문제를 일으킨다면 버그일 확률이 높습니다. VoIP 초창기와 달리 DTMF 전송 문제는 많이 개선된 편이지만 지금도 심심치 않게 발생합니다. DTMF 전송은 망 환경에 따라 차이가 많으므로 In band 와 out of band 를 모두 테스트하여 가장 최적인 방법을 이용합니다.

23 장. SIP REFER 의 이해

1. REFER Method 의 이해

SIP REFER 메쏘드는 제공하는 자원(Resources)을 UA 가 참조하게 하고 RFC 3261 SIP 및 RFC 3515 The SIP Refer Method 에서 정의합니다. SIP REFER 메쏘드의 Refer-To 헤더 가 지정하는 자원을 활용하기 위해 UA 는 제 3 의 UA 로 INVITE 를 발행합니다. SIP REFER 메쏘드를 사용하는 부가 서비스는 호 전환 (Call Transfer)입니다.

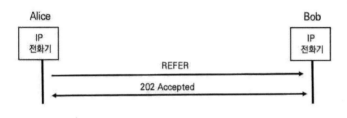

<그림 23-1> REFER

SIP REFER 요청의 Refer-To 헤더는 UA 가 INVITE 요청을 제대로 발행하도록 정확한 목적지 주소를 사용해야 합니다. Refer-To 헤더 의 주소는 다양한 형식의 URI 를 지원합니다.

· Refer-To: sip:alice@atlanta.example.com
· Refer-To: <sip:bob@biloxi.example.net?Accept-Contact=sip: bob.sdesk.biloxi.example.net&CallID%3D55432%40alicepc.atlant a.example.com>
· Refer-To: <sip:dave@denver.example.org?Replaces

=12345%40192.168.118.3%3Bto-tag%3D12345%3Bfrom-tag%3D5FFE-3994>

- Refer-To:<sip:carol@cleve.examp.org;method=SUBSCRIBE>
- Refer-To: http://www.ietf.org

SIP REFER 요청을 받은 UA 는 반드시 202 Accepted 로 응답합니다.

2. 이벤트 처리의 결과를 SIP NOTIFY 로 통보

SIP REFEER 요청을 수신한 UA 는 요청의 처리 결과를 통보하기 위해 SIP NOTIFY 메쏘드를 사용합니다. SIP NOFITY 요청의 메시지 바디에는 다음과 같은 정보가 표시됩니다.

- SIP/2.0 100 Trying
  현재 REFER 에 의해 요청된 이벤트 처리 중

- SIP/2.0 200 OK
  현재 REFER 에 의해 요청된 이벤트 정상 처리 완료

- SIP/2.0 503 Service Unavailable
  현재 REFER 에 의해 요청된 이벤트 실패

- SIP/2.0 603 Declined
  현재 REFER 에 의해 요청된 이벤트 거절

SIP NOTIFY 메쏘드는 별도로 다룰 예정이므로 메시지 표시 의미
정도만 파악합니다.

3. SIP REFER 메시지 분석

RFC 3515 The SIP Refer Method 에서 설명된 REFER Call
Flow 를 살펴봅니다.

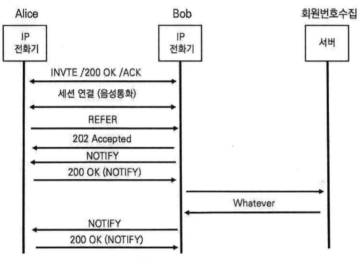

<그림 23-2> SIP NOTIFY

1) 앨리스의 REFER (Refer-to: Server)
통화 중에 앨리스는 밥에게 회원 번호를 요청하고 회원 번호 수집용
서버로 호 전환을 시도합니다. 앨리스 전화기는 밥에게 REFER 요청
을 발행합니다.

```
REFER sip:b@atlanta.example.com SIP/2.0
Via: SIP/2.0/UDP agenta.atlanta.example.com ;
branch=z9hG4bK2293940223
To: sip:b@atlanta.example.com
From: <sip:a@atlanta.example.com>;tag=193402342
Call-ID:898234234@agenta.atlanta.example.com
CSeq: 93809823 REFER
Max-Forwards: 70
Refer-To: (URI, 서버의 주소)
Contact: sip:a@atlanta.example.com
Content-Length: 0
```

Refer-To 헤더는 서버의 URI 주소를 명기하였습니다. 밥은 서버로 새로운 INVITE 요청을 발행할 것입니다.

2) 밥의 202 Accepted

밥은 REFER 요청을 수신하고 처리한다는 의미로 202 Accepted 로 응답합니다

```
SIP/2.0 202 Accepted
Via: SIP/2.0/UDP agenta.atlanta.example.com ;
branch=z9hG4bK2293940223
To: <sip:b@atlanta.example.com>;tag=4992881234
From: <sip:a@atlanta.example.com>;tag=193402342
Call-ID:898234234@agenta.atlanta.example.com
CSeq: 93809823 REFER
Contact: sip:b@atlanta.example.com
Content-Length: 0
```

3) 밥의 NOTIFY

밥은 SIP REFER 에 의한 이벤트 진행 상황을 SIP NOFITY 로 앨리스에게 통보합니다. SIP 메시지 바디의 'SIP/2.0 100 Trying'는 요청된 이벤트를 처리 중임을 의미합니다.

```
NOTIFY sip:a@atlanta.example.com SIP/2.0
Via: SIP/2.0/UDP agentb.atlanta.example.com ;
branch=z9hG4bK9922ef992-25
To: <sip:a@atlanta.example.com>;tag=193402342
From: <sip:b@atlanta.example.com>;tag=4992881234
Call-ID:898234234@agenta.atlanta.example.com
CSeq: 1993402 NOTIFY
Max-Forwards: 70
Event: refer
Subscription-State: active;expires=(depends on Refer-To URI)
Contact: sip:b@atlanta.example.com
Content-Type: message/sipfrag;version=2.0
Content-Length: 20SIP/2.0 100 Trying
```

Event 헤더는 'Event:refer' 값으로 호 전환 서비스를 나타냅니다. Subscription-State 헤더는 요청의 상태 정보를 나타내므로 SIP REFER 요청에 대한 상태 정보입니다.

- Subscription-State:active
- Subscription-State:pending
- Subscription-State:terminatd;reason=noresource

4) 앨리스의 200 OK (NOTIFY)

SIP NOTIFY 메시지 수신을 통보합니다.

```
SIP/2.0 200 OK
Via: SIP/2.0/UDP agentb.atlanta.example.com;
branch=z9hG4bK9922ef992-25
To: <sip:a@atlanta.example.com>;tag=193402342
From: <sip:b@atlanta.example.com>;tag=4992881234
Call-ID:898234234@agenta.atlanta.example.com
CSeq: 1993402 NOTIFY
Contact: sip:a@atlanta.example.com
Content-Length: 0
```

4. SIP REFEER 요청의 활용 - 호 전환 (Call Transfer)

SIP REFER 메쏘드를 사용하는 부가 서비스는 호 전환 (Call Transfer)이며 구현하는 방식에 따라 Blind Transfer 와 Consultative Transfer 로 나뉩니다. 호 전환 서비스가 REFER 메쏘드를 어떻게 사용하는 지를 살펴봅니다.

1) Blind Transfer

앨리스와 통화 중에 밥은 호 전환(Transfer) 버튼을 누릅니다. 밥의 전화기는 re-INVITE 메시지에 호 보류(Call Hold)를 위한 SDP 메시지를 전달함과 동시에 호 전환 대상의 전화번호를 수집하기 위한 프롬프트를 표시합니다. 밥이 캐럴의 전화번호를 다이얼링 합니다.

밥의 전화기는 앨리스의 전화기로 캐럴의 전화번호를 REFER 요청의 Refer-to 헤더로 전달합니다. 앨리스의 전화기는 캐럴의 전화기로 자동으로 호를 시도합니다. 앨리스는 링백톤을 듣고 캐럴은 전화 벨소리를 듣습니다. 캐럴이 수화기를 들면 대화를 시작합니다.

앨리스의 전화기는 요청된 이벤트가 정상 처리되었음을 통지하기
위해 SIP NOTIFY 메쏘드를 밥에게 송신합니다. 그리고 앨리스의
전화기와 밥의 전화기 간의 통화를 자동으로 종료합니다.

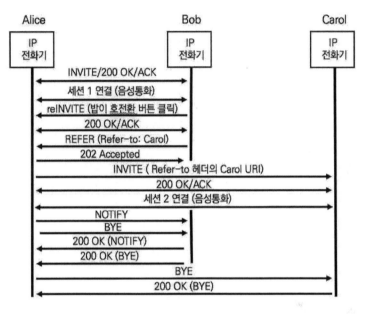

<그림 23-3> Blind Transfer

호를 전달받은 제삼자인 캐럴은 앨리스가 직접 전화한 것인지 밥이
호 전환 시켜준 것인지를 알지 못합니다. Blind Transfer 서비스는
제삼자와 통화 없이 제삼자에게 호 전환 서비스 호출합니다. 단지
캐럴의 IP 전화기 디스플레이에서 밥이 호 전환 하였다는 표시만
합니다.

2) Consultative Transfer

앨리스와 통화 중에 밥은 호 전환(Transfer) 버튼을 누릅니다. 밥의 전화기는 re-INVITE 메시지에 호 보류(Call Hold)를 위한 SDP 메시지를 전달함과 동시에 호 전환 대상의 전화번호를 수집하기 위한 프롬프트를 표시합니다. 밥이 캐럴의 전화번호를 다이얼링 합니다.

밥은 링백톤을 듣고 캐럴은 전화 벨 소리를 듣습니다. 캐럴이 수화기를 들면 대화를 시작합니다. 밥은 앨리스와 통화 중이고 앨리스와 통화를 원하는 지를 캐럴에게 물어봅니다. 캐럴이 앨리스와의 통화를 승낙합니다.

밥은 호 전환 버튼을 다시 누릅니다. 밥의 전화기는 앨리스의 전화기로 캐럴의 전화번호를 REFER 요청의 Refer-to 헤더로 전달합니다. 앨리스의 전화기는 캐럴의 전화기로 자동으로 호를 시도합니다. 앨리스는 링백톤을 듣고 캐럴은 전화 벨 소리를 듣습니다. 캐럴이 수화기를 들고 대화를 시작합니다.

앨리스의 전화기는 요청된 이벤트가 정상 처리되었음을 통지하기 위해 SIP NOTIFY 메쏘드를 밥에게 송신합니다. 그리고 밥의 전화기는 앨리스의 전화기와 캐럴의 전화기에 기존 통화를 자동으로 종료합니다.

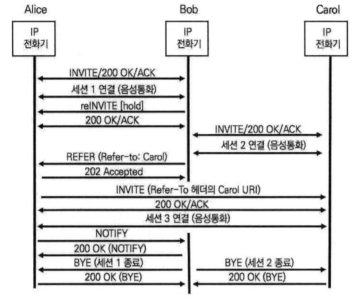

<그림 23-4> Consultative Transfer

호를 전달받은 제삼자인 캐럴은 밥이 호 전환 시켜주어서 앨리스와 통화하고 있다는 것을 알고 있습니다. Consultative Transfer 서비스는 제삼자와 통화 후 승낙을 받은 후에 제삼자에게 호 전환 서비스 호출합니다.

24 장. SIP SUBSCRIBE 의 이해

1. 등록 상태 정보를 활용하는 SIP 응용 서비스

등록 상태 정보를 이용하는 SIP 응용 서비스들은 상태 정보 변화에 대한 이벤트 통지(Notification)를 요청하고 이벤트 변화에 대한 업데이트를 수시로 통지 받습니다. RFC 3265 SIP-Specific Event Notification 는 상태 정보를 이용하는 응용 서비스들을 설명합니다.

- 자동 콜백 서비스 (Automatic Callback Service)
- Buddy Lists (친구 목록)
- 메시지 대기 표시 MWI (Message Waiting Indication)

2. 등록 상태 머신(Registration State Machine)

RFC 3680 SIP Event Package for Registrations 은 SIP REGISTRA 서버가 단말의 상태 정보를 어떻게 관리하는 지를 설명하기 위해 등록 상태 머신을 설명합니다.

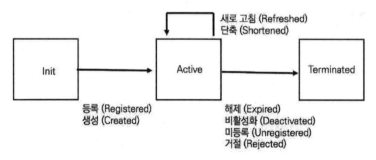

<그림 24-1> 등록 상태 머신의 동작

SIP 네트워크에서 등록(Registration)은 사용자의 AoR (Address-of-record)과 단말의 Contact Address 와를 바인딩하는 과정입니다. 하나의 AoR 은 여러 개의 Contact Address 를 가질 수 있습니다. UA 가 SIP REGISTRA 서버에 등록하는 과정에서 등록 상태 정보는 3 단계로 표시되며, 이를 등록 상태 머신이라고 합니다.

· Init
사용자의 AoR 에 단말의 Contact Address 가 없는 상태
SIP REGISTRA 에 등록된 사용자이나 통화 가능한 단말이 없음

· Active
사용자의 AOR 에 하나 이상의 단말 Contact address 가 바인딩된 상태
SIP REGISTRA 에 등록된 사용자이며 통화 가능한 단말이 있음

· Terminated
사용자의 AoR 에 단말의 Contact Address 가 바인딩된 후 해제된 상태
Terminated 된 후 등록 상태는 Init 상태로 전환

엄밀하게 등록 상태 정보와 사용자 상태 정보는 다릅니다. 사용자 상태 정보는 사용자가 SIP 네트워크에서 통화가 가능한 지를 나타내고 하나 이상의 단말 Contact address 의 모음으로 나타냅니다. 등록 상태 정보는 단순히 단말의 Contact address 가 존재하는 지를 나타냅니다.

3. SIP SUBSCRIBE 메쏘드의 이해

신청자(Subscriber)가 SIP REGISTRA 서버에 특정 사용자의 상태 정보 업데이트를 요청하기 위해 SIP SUBSCRIBE 메쏘드를 사용합니다. SIP REGISTRA 서버는 사용자의 상태 정보에 대한 이벤트가 발생할 경우 신청자에게 SIP NOTIFY 메쏘드로 결과를 통지합니다. SIP SUBSCRIBE 메쏘드를 발행하는 UA 를 신청자 (Subscriber)라 하고, NOTIFY 로 응답하는 SIP REGITRA 서버를 Notifier 라고 합니다.

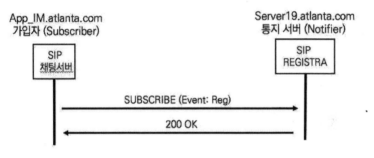

<그림 24-1> SIP SUBSCRIBE

Notifier 는 상태 정보를 관리하는 서버로 SIP REGISTRA, SIP PRESENCE 또는 SIP Proxy 서버일 수 있습니다.

1) SIP 채팅 서버 'SUBSCRIBE'

SIP 채팅 서버는 친구 목록 (Buddy List)에 있는 주소에 대한 상태 정보를 SIP REGISTRA 서버에 요청합니다.

```
SUBSCRIBE sip:server19@atlanta.com SIP/2.0
Via: SIP/2.0/TCP app_IM.atlanta.com;branch=z9hG4bKnashds7
From: sip:app_IM.atlanta.com ;tag=123aa9
To: sip:server19@atlanta.com
Call-ID:9987@app_IM.atlanta.com
CSeq: 9887 SUBSCRIBE
Contact: sip:app_IM.atlanta.com
Event: reg
Max-Forwards: 70
Expires: 21600
Accept: application/reginfo+xml
```

SUBSCRIBE 메쏘드가 사용하는 헤더들은 다음과 같습니다.

· Event 헤더

　요청하는 이벤트를 명시

　'Event:reg'는 등록 상태 정보를 요청

· Expires 헤더

　REGISTER 와 마찬가지로 SUBSCRIBE 의 유효기간을 명시

　유효 기간 만료 전 같은 다이얼로그(같은 Call-ID)로 주기적으로 SUBSCRIBE 요청

　'Expires:0' 은 Unsubscribe 를 의미

신청자는 'Event:reg'로 등록 상태 정보를 요청하고, app_IM.atlanta.com (IM 서버)가 21600 초 동안 등록 상태 정보 변경 이벤트 발생 시 SIP REGISTRA 서버가 업데이트해 줄 것을 요청합니다.

2) SIP 등록 서버의 '200 OK'

SIP REGISTRA 서버는 신청자(Subscriber)의 요청을 승인하고 200 OK 전송합니다.

```
SIP/2.0 200 OK
Via: SIP/2.0/TCP app_IM.atlanta.com;branch=z9hG4bKnashds7 ;
received=10.1.3.2
From: sip:app_IM.atlanta.com ;tag=123aa9
To: sip:server19@atlanta.com
Call-ID:9987@app_IM.atlanta.com
CSeq: 9887 SUBSCRIBE
Contact: sip:server19.atlanta.com
Expires: 3600
```

SIP REGISTRA 서버는 유효기간 설정을 SIP SUBSCIRBER가 요청한 21600 초가 아닌 3600 초를 결정합니다.

4. 등록 상태 정보와 사용자 상태 정보

등록 상태 정보와 사용자 상태 정보는 엄밀히 다릅니다. 등록 상태 정보는 단말의 Contact address가 SIP REGISTRA 서버에 존재하는 지를 나타내고, 사용자 상태 정보는 사용자가 SIP 네트워크에서 통화가 가능한 하나 이상의 단말에 대한 Contact address들의 상태를 종합적으로 나타냅니다. 즉, 단말 별 등록 상태 정보가 모여서 사용자 상태 정보를 만듭니다.

실제 SIP 네트워크에서는 사용자가 여러 대의 SIP 단말을 사용하므로 단말의 등록 상태 정보보다 사용자 상태 정보를 더 많이 요구합니다. 사용자 상태 정보를 주고받을 수 있는 방법이 필요합니다.

25 장. SIP NOTIFY 의 이해

1. SIP NOTIFY 의 이해

SIP NOTIFY 는 요청된 이벤트가 발생할 경우 그 결과를 통지합니다. SIP SUBSCRIBE 메쏘드는 등록 상태 정보 이벤트를 요청하고 SIP REFER 는 호 전환 이벤트를 요청합니다. 두 요청에 포함한 이벤트의 승인은 200 OK 로 응답하지만, 요청 이벤트가 발생하여 상세한 업데이트는 SIP NOTIFY 메쏘드를 이용합니다.

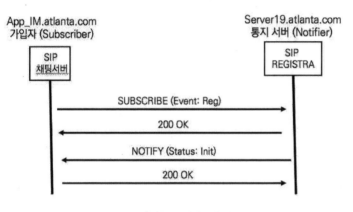

<그림 25-1> SIP NOTIFY

SIP 채팅 서버가 앨리스의 등록 상태 정보를 SIP REGISTRA 서버에게 요청하는 과정은 SIP SUBSCRIBE 요청과 200 OK 응답입니다. SIP SUBSCRIBE 메쏘드는 이미 설명하였으므로 SIP NOTIFY 의 동작에 대해서 정리합니다.

1) Notifier 의 SIP NOTIFY

Notifier 는 앨리스의 등록 상태 정보 이벤트를 인지하였습니다. 앨리스의 등록 상태 정보 이벤트에 대한 업데이트를 요청한 신청자인 SIP 채팅 서버에게 SIP NOTIFY 요청을 발행합니다.

```
NOTIFY sip:app_IM.atlanta.com SIP/2.0
Via: SIP/2.0/TCP server1.atlanta.com;branch=z9hG4bKnasaii
From: sip:server19@atlanta.com;tag=xyzygg
To: sip:app_IM.atlanta.com;tag=123aa9
Max-Forwards: 70
Call-ID:9987@app_IM.atlanta.com
CSeq: 1288 NOTIFY
Contact: sip:server19.atlanta.com
Event: reg
Subscription-State: active
Content-Type: application/reginfo+ xml
Content-Length: 223


<?xml version="1.0"?>
  <reginfo xmlns=
          "urn:ietf:params:xml:ns:reginfo"
             version="0" state="full">
  <registration aor=sip:alice@atlanta.com
           id="a7" state="init"/ >
</reginfo>
```

Event 헤더는 등록 상태 정보 이벤트에 대한 통지를 나타냅니다. Subscription-State 헤더는 요청의 상태 정보이므로 SIP SUBSCRIBE 요청의 상태 정보를 나타냅니다.

· Subscription-State:active
 Notifier 가 이벤트를 승인하고 처리 중

· Subscription-State:pending
 Notifier 가 요청을 수령하였으나 불충분한 정책 정보로 승인 또는
거절을 결정하지 못함

· Subscription-State:terminatd;reason=noresource
 Notifier 가 요청한 이벤트 처리 완료
 Expires 헤더의 유효기간 만료일 수도 있으며 반드시 사유를 명기

 SIP 메시지 바디는 등록 상태 정보를 XML 구문으로 나타냅니다.
AoR 은 앨리스를 가리키고 State="init"은 현재 등록된 단말의
Contact address 가 없다는 것을 나타냅니다.

2) 채팅 서버의 200 OK
채팅 서버는 SIP NOTIFY 요청을 수신한 후 200 OK 로 응답합니다.
만일 Subscriber 에서 요청하지 않은 사용자에 대한 등록 상태 정보가
업데이트될 경우에는 '481 Subscription does not exist'로 응답
합니다.

```
SIP/2.0 200 OK
Via: SIP/2.0/TCP server19.atlanta.com;branch=z9hG4bKnasaii;
received=10.1.3.1
From: sip:app_IM.atlanta.com ;tag=123aa9
To: sip:server19@atlanta.com;tag=xyzygg
Call-ID:9987@app_IM.atlanta.com
CSeq: 1288 NOTIFY (이하 생략)
```

26 장. SIP MESSAGE 의 이해

1. MESSAGE 메쏘드

SIP MESSAGE 메쏘드는 근 실시간으로 사용자 간에 메시지를 주고받기 위해 사용하며, RFC 3428 SIP for Instant Messaging 에서 정의합니다. MESSAGE 요청에 대한 응답은 몇 종류가 있습니다.

200 OK 응답은 사용자가 메시지를 읽은 상태를 표시하는 것이 아니라 SIP MESSAGE 요청에 대한 정상 수신을 의미합니다. 4xx 또는 5xx 응답은 SIP MESSAGE 요청에 에러가 있음을 표시합니다. 6xx 응답은 SIP MESSAGE 요청이 전달되었으나 사용자가 수신을 거절함을 의미합니다.

2. SIP MESSAGE 메시지 분석

SIP MESSAGE 요청과 응답을 정리합니다.

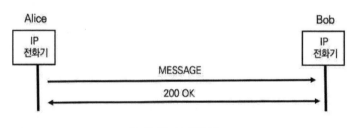

<그림 26-1> SIP Message

1) 앨리스의 MESSAGE

앨리스와 밥은 별도의 다이얼로그를 생성하지 않고 앨리스는 SIP MESSAGE 요청을 전송합니다.

```
MESSAGE sip:bob@biloxi.com  SIP/2.0
Via: SIP/2.0/TCP pc33.atlanta.com;branch=z9hG4bK776asegma
Max-Forwards: 70
To: Bob <sip:bob@biloxi.com>
From: Alice <sip:alice@atlanta.com>;tag=1928301774
Call-ID:a84b4c76e66710@pc33.atlanta.com
CSeq: 22756 MESSAGE
Content-Type: text/plain
Content-Disposition: render
Content-Length: 37


Hello! Bob
```

SIP 메시지 바디에 전송되는 메시지의 크기는 1300 Bytes 를 초과할 수 없습니다. SIP Message Body 의 메시지는 'Hello! Bob' 입니다.

2) 밥의 200 OK

밥은 SIP MESSAGE 요청을 수신하고 200 OK 로 응답합니다.

```
SIP/2.0 200 OK
Via: SIP/2.0/TCP pc33.atlanta.com;branch=z9hG4bKnashds7;
received=10.1.3.33
To: Bob sip:bob@biloxi.com
From: Alice <sip:alice@atlanta.com>;tag=1928301774
Call-ID:a84b4c76e66710@pc33.atlanta.com
CSeq: 22756 MESSAGE
Content-Length: 0
```

3. 환영인사(Welcome Notice) 예제 시나리오

RFC 3680 SIP Event Package for Registration 권고안에 등록 상태 정보를 이용한 예제 시나리오가 있습니다. Welcome Notice 는 사용자의 상태 및 위치정보를 확인하여 스마트폰의 전원이 해외 로밍 지역에서 전원이 켜지면 자동으로 문자 메시지를 전송하는 서비스 입니다. SUBSCRIBE, NOIFY, 그리고 MESSAGE 메쏘드가 함께 동작 하는 서비스 시나리오입니다.

시나리오 예제를 살펴봅니다. SIP REGISTRA 서버는 Notifier 이며 SIP 문자 메시지 서버는 신청자(Subscriber)입니다.

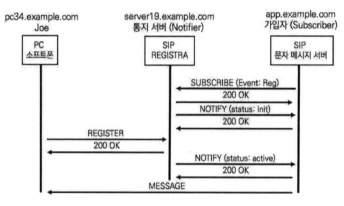

<그림 26-2> 환영인사 (Welcome Notice)

1) 문자 메시지 서버 SUBSCRIBE

문자 메시지 서버는 조(Joe)의 등록 이벤트 정보 업데이트를 SIP REGISTRA 서버에게 요청합니다.

```
SUBSCRIBE sip:joe@example.com SIP/2.0
Via: SIP/2.0/UDP app.example.com;branch=z9hG4bKnashds7
From: sip:app.example.com;tag=123aa9
To: sip:joe@example.com
Call-ID:9987@app.example.com
CSeq: 9887 SUBSCRIBE
Contact: sip:app.example.com
Event: reg
Max-Forwards: 70
Accept: application/reginfo+ xml
```

Event 헤더로 등록 상태 정보 업데이트를 요청하지만, 요청의 유효기간을 설정하기 위한 Expires 헤더는 없습니다.

2) SIP REGISTRA 서버의 200 OK

SIP REGISTRA 서버는 SUBSCRIBE 요청을 수신하고 200 OK 로 응답합니다.

```
SIP/2.0 200 OK
Via: SIP/2.0/UDP app.example.com;branch=z9hG4bKnashds7 ;
received=192.0.2.1
From: sip:app.example.com;tag=123aa9
To: sip:joe@example.com;tag=xyzygg
Call-ID:9987@app.example.com
CSeq: 9887 SUBSCRIBE
Contact: sip:server19.example.com
Expires: 3600
```

SIP REGISTRA 서버는 등록 상태 정보 통지 요청의 유효기간을 3600 초로 설정합니다.

3) SIP REGISTRA 서버의 NOTIFY

SIP REGISTRA 서버는 SIP 문자 서비스 서버로부터 SIP SUBSCRIBE 요청에서 조의 등록 상태 정보 업데이트를 요청 받았습니다. 현재의 등록 상태 정보를 업데이트합니다.

```
NOTIFY sip:app.example.com SIP/2.0
Via: SIP/2.0/UDP server19.example.com;branch=z9hG4bKnasaii
From: sip:app.example.com;tag=123aa9
To: sip:joe@example.com;tag=xyzygg
Call-ID:9987@app.example.com
CSeq: 1288 NOTIFY
Contact: sip:server19.example.com
Event: reg
Max-Forwards: 70
Content-Type: application/reginfo+ xml
Content-Length:...

<?xml version="1.0"?>
  <reginfo xmlns="urn:ietf:params:xml:ns:reginfo"
           version="0" state="full">
   <registration aor="sip:joe@example.com" id="a7" state="init" />
  </reginfo>
```

SIP 메시지 바디의 XML 정보는 조가 아직 등록하지 않은 state= "init" 상태입니다. 그리고 SIP NOTIFY 요청의 응답은 200 OK 입니다.

4) 조의 REGISTRER

조는 비행기 착륙 후에 스마트폰의 전원을 켜면서 SIP REGISTER 메시지를 발행합니다. 조는 자신의 AoR 주소에 단말 Contact address 를 바인딩합니다.

```
REGISTER sip:example.com SIP/2.0
Via: SIP/2.0/UDP pc34.example.com;branch=z9hG4bKnaaff
From: sip:joe@example.com;tag=99a8s
To: sip:joe@example.com
Call-ID:88askjda9@pc34.example.com
CSeq: 9976 REGISTER
Contact: sip:joe@pc34.example.com
```

5) SIP REGISTRA 서버의 NOTIFY

SIP REGISTRA 서버는 조의 상태 정보가 업데이트 되자마자 SIP 문자 메시지 서버에 조의 상태 정보를 SIP NOTIFY 요청으로 업데이트합니다.

```
NOTIFY sip:app.example.com SIP/2.0
Via: SIP/2.0/UDP server19.example.com;branch=z9hG4bKnasaij
From: sip:app.example.com;tag=123aa9
To: sip:joe@example.com;tag=xyzygg
Call-ID:9987@app.example.com
CSeq: 1289 NOTIFY
Contact: sip:server19.example.com
Event: reg
Max-Forwards: 70
Content-Type: application/reginfo+ xml
Content-Length:...


<?xml version="1.0"?>
<reginfo xmlns="urn:ietf:params:xml:ns:reginfo"
        version="1" state="partial">
   <registration aor="sip:joe@example.com" id="a7" state="active">
        <contact id="76" state="active" event="registered"
```

```
        duration-registered="0">
        <uri>sip:joe@pc34.example.com </uri>
        </contact>
     </registration>
  </reginfo>
```

SIP 메시지 바디의 XML 정보는 조가 state="active" 상태로 단말이
등록되었고, 단말 Contact address 는 pc34.example.com 입니다.
그리고 SIP NOTIFY 요청의 응답은 200 OK 입니다.

6) SIP 문자 메시지 서버의 MESSAGE

SIP 문자 메시지 서버는 SIP NOTIFY 요청으로 확보된 조의 단말
주소로 "Welcome to the example.com service" 메시지를 발송
합니다.

```
MESSAGE sip:joe@pc34.example.com SIP/2.0
Via: SIP/2.0/UDP app.example.com;branch=z9hG4bKnashds8
From: sip:app.example.com;tag=123aa10
To: sip:Joe@example.com
Call-ID:9988@app.example.com
CSeq: 82779 MESSAGE
Max-Forwards: 70
Content-Type: text/plain
Content-Length: ...


Welcome to the example.com service!
```

27 장. SIP PUBLISH 의 이해

1. 사용자 상태 정보 (Presence)의 이해

사람들은 스마트폰으로 문자 메시지를 보낼 때 상대방이 근 실시간으로 항상 문자를 볼 것이라 기대합니다. PC 에서 사용하는 앱은 전원을 끄면 사용할 수 없지만 스마트폰은 항상 켜져 있고 사용자가 가지고 다니기 때문입니다. 사용자 상태 정보는 네트워크로 전파되는 연결 가능성(willingness and ability)이므로 스마트폰의 협업 서비스는 Always-on 으로 항상 연결됩니다. 그래서 카카오톡과 같은 모바일 메신저는 상태 정보보다 메시지는 읽었는지 안 읽었는 지를 표시합니다.

스카이프와 같은 PC 용 메신저가 스마트폰용 앱을 만들기도 하고, 카카오톡과 같은 모바일 메신저가 PC 용 앱을 만들기도 합니다. 두 제품 군은 상태 정보의 표시 여부로 구분될 수 있습니다. 과거에 즐겨 사용하던 구글 행아웃, 네이트 온, MSN 등과 같은 PC 메신저는 버디 리스트에 사용자 상태 정보를 표시합니다. 상태 정보는 온라인(on-line) 또는 오프라인(off-line) 정보와 같은 단순 정보에서부터 회의 중 (Meeting), 통화 중 (Busy), 자리 비움 (Away) 등과 같은 복잡한 정보까지 확장합니다. 이렇게 복잡한 상태 정보를 제공하던 PC 용 메신저는 일반인들 사이에서는 사라졌지만, 기업용 PC 메신저들은 아직도 활발하게 사용됩니다.

또한, SIP 전화기들도 통화 중 (Busy)과 통화 대기 중(idle)에 대한 상태 정보를 적극적으로 사용합니다. 사용하는 서비스들은 다음과 같습니다.

- BLF 스피드 다이얼 버튼

  BLF (Busy Lamp Filed) 스피드 다이얼 버튼은 상태 정보를 표시하는 스피드 다이얼 버튼입니다. 자주 통화하는 특정 번호를 BLF 스피드 다이얼 버튼으로 지정하여 통화 여부를 확인합니다. 주로 비서들이 매니저들에게 걸려온 전화를 호 전환 하기 전에 매니저의 전화기 상태 정보를 확인합니다.

- 통화 내역 확인(Call History)

  최근 발신 내역이나 최근 수신 내역을 확인할 때 전화번호의 상태 정보를 표시합니다.

- 전화번호 확인 (Directory Search)

  전화번호 검색을 할 때 검색된 전화번호의 상태 정보가 표시됩니다.

- 웹에서 회사 주소록 찾기

  회사 주소록에서 특정 직원을 검색할 때 직원 전화번호의 상태 정보가 표시됩니다. 일반적으로 웹 페이지의 전화번호는 클릭 투 콜 서비스와 연결되어 있어 클릭만으로 전화를 걸 수 있습니다.

  사용자의 상태 정보는 SIP 전화기, SIP 소프트 폰과 메신저 등에서 사용합니다.

2. SIP PUBLISH 의 이해

등록 상태 정보를 교환하기 위해서는 REGISTER, SUBSCRIBE 및 NOTIFY 메쏘드가 유기적으로 동작합니다. 등록 상태 정보는 사용자의 AoR 과 Contact address 의 바인딩에 의해 생성됩니다. 사용자 상태 정보는 다수의 Contact address 의 조합으로 만들어 집니다. 사용자 상태 정보는 자동 생성되기도 하지만, 방해 금지 (Do not Disturb)처럼 사용자에 의해 강제 설정될 수도 있습니다. 그러므로 사용자의 AoR 과 연관된 여러 이벤트를 처리할 수 있는 별도의 메쏘드가 필요합니다.

SIP PUBLISH 메쏘드는 AoR (Address-of-Record)과 연관된 Event State 를 생성, 변경 및 제거합니다. RFC 2778 A Model for Presence and Instant Messaging 과 RFC 3903 SIP Extension for Event State Publication 의 용어 정의를 통해 상태 정보를 생성하고 교환하는 과정에 대한 구성 요소를 살펴보겠습니다.

· Event State
  자원의 상태 정보

· EPA (Event Publication Agent)
  PUBLISH 요청을 발행하는 UAC
  RFC 3856 의 PUA (Presence User Agent)

· ESC (Event State Compositor)
  PUBLISH 요청을 받아 처리하는 UAS

RFC 3856 의 PA (Presence Agent)
Proxy 서버와 REGISTRA 서버와 공존

· Event Hard State
자원의 default Event State 로 AoR 에 대한 고정된 상태 정보
ESC 는 Soft State publication 이 없을 때 사용

· Event Soft State
PUBLISH 메커니즘을 통해 EPA 가 발행하는 Event State
유효기간 내에서만 의미를 나타냄

　RFC 권고안들이 같은 장비를 다르게 부르는 이유는 복잡한 기능을
쉽게 정의하기 위해서입니다. Event State Compositor 는 SIP Proxy
서버일 수도 있고, 사용자 상태 정보를 관리하는 프레즌스 서버일 수도
있습니다. 사용자 규모와 제조사에 따라 SIP Proxy 서버와 프레즌스
서버가 한 장비로 구현하거나 별도로 구현합니다. 엔지니어는
장비명이 무엇인지가 아니라 기능이 무엇인지를 알아야 합니다.
　프레즌스 서버는 도메인에 있는 사용자들의 상태 정보를 관리하고
신청자들에게 업데이트를 하는 역할을 합니다. 앨리스의 상태 정보를
통지 받기 원하는 사용자들은 프레즌스 서버(Notifier)에 상태 정보
업데이트 통지 신청을 하기 위해 SUBSCRIBE 메쏘드를 사용합니다.
프레즌스 서버는 같은 프레즌스 도메인에 있는 신청자들의
SUBSCRIBE 요청을 수락하지만, 서로 다른 프레즌스 도메인에 있는
밥의 요청은 거절합니다.

앨리스의 전화기는 SIP REGISTER 요청과 함께 자신에게 설정된 프로파일에 따라 상태 정보 업데이트를 SIP PUBLISH 요청으로 프레즌스 서버로 보냅니다. 프레즌스 서버는 엘리스 전화기의 단순한 상태 정보, 위치 및 시간 등의 정보를 상태 정보 정책에 따라 신청자들에게 전달합니다. 상태 정보 전파는 SIP NOFITY 메쏘드를 활용합니다. 또한, 상태 정보 전파는 프레즌스의 정책에 따라 전파하거나 하지 않을 수 있습니다.

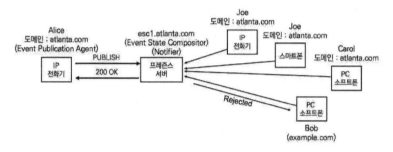

<그림 27-1> 상태 정보의 수집과 전파

정리하면, 특정 사용자에 대한 상태 정보를 프레즌스 서버에 신청하기 위해서는 SIP SUBSCRIBE 메쏘드를 사용합니다. 프레즌스 서버가 특정 사용자의 상태 정보 변화를 신청자에게 업데이트하기 위해서는 SIP NOTIFY 메쏘드를 사용합니다. 사용자가 자신의 상태 정보를 프레즌스 서버에 업데이트하기 위해서는 SIP PUBLISH 메쏘드를 사용합니다.

3. SIP PUBLISH 메시지 분석

마지막으로 SIP PUBLISH 메쏘드를 분석합니다.

1) 앨리스의 PUBLISH

앨리스는 자신의 상태 정보를 프레즌스 서버에 업데이트하기 위해 PUBLISH 메쏘드를 발행합니다.

```
PUBLISH sip:esc1@atlanta.com SIP/2.0
Via: SIP/2.0/TCP pc33.atlanta.com:branch=z9hG4bK776asegma
Max-Forwards: 70
To: Alice sip:alice@atalanta.com
From: Alice <sip:alice@atlanta.com>;tag=1928301774
Call-ID:a84b4c76e66710@pc33.atlanta.com
CSeq: 22756 PUBLISH
Event: presence
Expires: 21600
Content-Type: application/pidf+ xml
Content-Length: 126


(XML message body: 자신의 상태 정보 표시)
```

SIP 메시지 바디는 NOTIFY 의 메시지 바디와 동일하므로 생략합니다. Event 헤더는 등록 상태 정보 요청은 'Event:reg'이고, 사용자 상태 정보 요청은 'Event:presence'입니다. Expires 헤더는 유효기간을 표시합니다.

2) 프레즌스 서버의 200 OK

프레즌스 서버는 SIP PUBLISH 요청을 수신하고 200 OK 로 응답합니다.

```
SIP/2.0 200 OK
Via: SIP/2.0/TCP pc33.atlanta.com;branch=z9hG4bK776asegma ;
received=10.1.3.33
To: Alice <sip:alice@atlanta.com>
From: Alice <sip:alice@atlanta.com>;tag=1928301774
Call-ID:a84b4c76e66710@pc33.atlanta.com
CSeq: 22756 PUBLISH
SIP-ETag: hp169abc
Expires: 1800
```

SIP-ETag 헤더는 프레즌스 서버가 SIP PUBLISH 요청을 성공적으로 처리하고 entity-tag 를 할당한 값을 표시합니다. SIP-ETag 는 동일한 PUBLISH 업데이트나 변경 요청 시 같은 값을 사용합니다.

28 장. RTP 의 이해

1. RTP 개요

RTP는 Real-time Transport Protocol의 약어로 실시간 음성, 영상 및 데이터를 IP 네트워크로 전송하는 표준 프로토콜입니다. RTP는 IETF RFC 3350 A Transport Protocol for Real-Time Applications 권고안에서 정의합니다. RTP는 RTCP (Real-time Control Protocol)를 이용하여 데이터의 전달 상황을 감시 및 최소한의 제어 기능과 미디어 식별 등을 제공합니다. RTCP의 사용은 옵션이므로 설정에 따라 사용할 수 있습니다.

2. RTP의 전송 프로토콜

RTP는 전송 프로토콜로 UDP(User Datagram Protocol)과 네트워크 프로토콜로 IP를 이용합니다. RTP가 신뢰할 수 있는 TCP를 이용하지 않고 UDP를 이용하는 이유는 무엇일까요? 실시간 음성 및 영상은 패킷 에러나 패킷 손실이 발생하더라도 TCP 재전송 메커니즘을 활용할 수 없기 때문입니다. 재전송된 패킷은 수신 단말이 재생해야 할 시점을 이미 지나가 버린 이후가 될 확률이 높아 패킷을 폐기합니다.

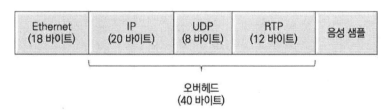

<그림 28-1> IP / UDP / RTP 헤더 크기

실시간으로 음성 샘플 하나를 전달하는 패킷의 크기를
계산해봅니다. 패킷 당 IP 헤더 (20 바이트), UDP 헤더 (8 바이트),
RTP 헤더 12 바이트가 필요하므로 총 40 바이트의 오버헤드가
발생합니다.

Ethernet (18 바이트)	IP (20 바이트)	UDP (8 바이트)	RTP (12 바이트)	G.711 10ms (160 바이트)
Ethernet (18 바이트)	IP (20 바이트)	UDP (8 바이트)	RTP (12 바이트)	G.711 20ms (320 바이트)
Ethernet (18 바이트)	IP (20 바이트)	UDP (8 바이트)	RTP (12 바이트)	G.729 10ms (20 바이트)

<그림 28-2> 패킷당 페이로드의 크기

샤논과 나이키스트 정리에 의해 G.711 코덱은 1 초 당 8000 개의
샘플링하고 샘플 당 8 비트로 양자화합니다. DSP 칩으로 G.711
코덱을 적용하면 10ms 단위 당 음성 샘플은 160 바이트이고,
G.729 는 20 바이트입니다. 만일 패킷당 10ms 단위로 페이로드를
만들면 초당 100 개가 전송되고, 패킷 당 20ms 단위로 페이로드를
만들면 50 개가 전송됩니다. 일반적으로 20ms 단위로 하나의 패킷을
만들어 초당 50 개의 패킷을 생성합니다.

3. RTP 헤더 분석

RFC 3550 에 정의된 RTP 헤더 포맷을 정리합니다.

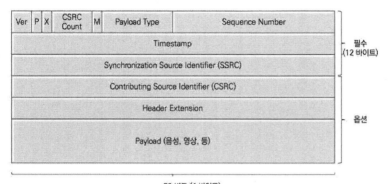

Ver	P	X	CSRC Count	M	Payload Type	Sequence Number
Timestamp						
Synchronization Source Identifier (SSRC)						
Contributing Source Identifier (CSRC)						
Header Extension						
Payload (음성, 영상, 등)						

필수
(12 바이트)

옵션

32 비트 (4 바이트)

<그림 28-3> RTP 헤더

· V (version) : 2 bit

RTP 의 Version 표시 (현재 버전은 2)

· P (padding) : 1 bit

패킷의 마지막 부분에 하나 이상의 패딩 바이트 무 표시
패딩 비트는 의미가 없는 비트로 헤더나 패킷의 크기를 일정하게
유지하기 위해 사용하는 비트

· X (Extension) : 1 bit

고정 헤더 이후의 하나 이상의 확장 헤더 유무 표시

· CC (CSRC Count) : 4 bit

RTP 12 바이트 고정 헤더 뒤에 CSRC identifier 의 수 표시

· M (Marker) : 1 bit

패킷 내에서 프레임 경계와 같은 중요한 이벤트들을 표시

Payload Type 필드의 확장을 위해 무시되기도 함

· PT (Payload Type) : 7bit

페이로드의 타입은 RTP가 전송하고 있는 실시간 데이터의 압축
코덱을 명시

페이로드 타입은 Capability Exchange 협상에서 상호 인지 필수

· Sequence number : 16 bit

보안을 이유로 랜덤 번호에서 시작하고 패킷이 늘어날 때마다 1 씩
증가

· Timestamp : 32 bit

RTP 패킷의 첫 번째 바이트의 샘플링 순간을 표시

초기값은 랜덤 넘버로 결정되지만 샘플링 레이트에 따라 증가량은
상이

· SSRC (Synchronization Source) Identifier : 32 bit

동기화 소스로 랜덤 넘버로 결정

· CSRC (Contributing Source) Identifiers : 32 bit

다수의 음원이 Audio Mixer를 통해 하나로 통합될 경우 원래 음원
의 목록을 표시

3. RTP 패킷 분석

와이어 샤크로 음성 RTP 패킷을 캡처하여 RTP 헤더의 내용을 간단하게 분석해 봅니다.

110	9.786120	10.1.1.21	10.1.1.22	RTP	230	PT=ITU-T G.711 PCMU, SSRC=0xE937D346, Seq=30986, Time=3475364964
111	9.802690	10.1.1.22	10.1.1.21	RTP	230	PT=ITU-T G.711 PCMU, SSRC=0xE937D346, Seq=30990, Time=3475365604
112	9.805871	10.1.1.21	10.1.1.22	RTP	230	PT=ITU-T G.711 PCMU, SSRC=0xE937D346, Seq=30987, Time=3475365124
113	9.822793	10.1.1.22	10.1.1.21	RTP	230	PT=ITU-T G.711 PCMU, SSRC=0xE937D346, Seq=30991, Time=3475365764
114	9.825799	10.1.1.21	10.1.1.22	RTP	230	PT=ITU-T G.711 PCMU, SSRC=0xE937D346, Seq=30988, Time=3475365284
115	9.842806	10.1.1.22	10.1.1.21	RTP	230	PT=ITU-T G.711 PCMU, SSRC=0xE937D346, Seq=30992, Time=3475365924
116	9.845546	10.1.1.21	10.1.1.22	RTP	230	PT=ITU-T G.711 PCMU, SSRC=0xE937D346, Seq=30989, Time=3475365444
117	9.862047	10.1.1.22	10.1.1.21	RTP	230	PT=ITU-T G.711 PCMU, SSRC=0xE937D346, Seq=30993, Time=3475366084
118	9.865713	10.1.1.21	10.1.1.22	RTP	230	PT=ITU-T G.711 PCMU, SSRC=0xE937D346, Seq=30990, Time=3475365604
119	9.882641	10.1.1.22	10.1.1.21	RTP	230	PT=ITU-T G.711 PCMU, SSRC=0xE937D346, Seq=30994, Time=3475366244
120	9.885824	10.1.1.21	10.1.1.22	RTP	230	PT=ITU-T G.711 PCMU, SSRC=0xE937D346, Seq=30991, Time=3475365764
121	9.902773	10.1.1.22	10.1.1.21	RTP	230	PT=ITU-T G.711 PCMU, SSRC=0xE937D346, Seq=30995, Time=3475366404
122	9.905745	10.1.1.21	10.1.1.22	RTP	230	PT=ITU-T G.711 PCMU, SSRC=0xE937D346, Seq=30992, Time=3475365924
123	9.922773	10.1.1.22	10.1.1.21	RTP	230	PT=ITU-T G.711 PCMU, SSRC=0xE937D346, Seq=30996, Time=3475366564
124	9.925571	10.1.1.21	10.1.1.22	RTP	230	PT=ITU-T G.711 PCMU, SSRC=0xE937D346, Seq=30993, Time=3475366084

<그림 28-4> 음성 RTP 패킷 분석

페이로드 타입(Payload Type)은 G.711 PCMU 로 엔코딩 된 음성을 페이로드로 보내는 RTP 패킷입니다. 동일한 SSRC 번호를 가지는 패킷이므로 같은 통화이며, IP 주소가 10.1.1.21 과 10.1.1.22 인 전화기 간의 양방향으로 통화로 두 개의 RTP 스트림이 교차하고 있습니다. 각 스트림 별로 시퀀스 넘버(Sequence Number)는 1 씩 증가하고 있고, 사이에 빠진 번호가 없으므로 네트워크상에서 패킷 손실은 없습니다. 타임스탬프(Timestamp)의 증가량은 160 바이트 단위이므로 10ms 씩 음성 페이로드를 보내고 있으므로 초당 100 개의 패킷이 생성됩니다. 또한, 시퀀스 넘버와 타임스탬프는 RFC 3550 이 권고안에 따라 0 에서 시작하지 않고 랜덤 하게 생성하였습니다.

4. 영상 RTP 패킷 분석

와이어 샤크로 음성 RTP 패킷을 캡처하여 RTP 헤더의 내용을 간단하게 분석해 봅니다.

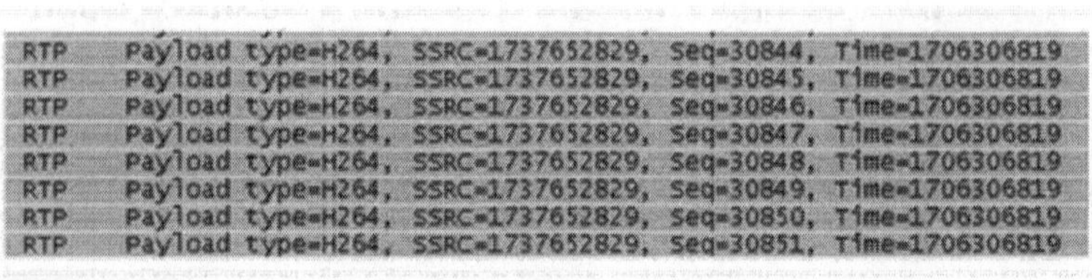

```
RTP    Payload type=H264, SSRC=1737652829, Seq=30844, Time=1706306819
RTP    Payload type=H264, SSRC=1737652829, Seq=30845, Time=1706306819
RTP    Payload type=H264, SSRC=1737652829, Seq=30846, Time=1706306819
RTP    Payload type=H264, SSRC=1737652829, Seq=30847, Time=1706306819
RTP    Payload type=H264, SSRC=1737652829, Seq=30848, Time=1706306819
RTP    Payload type=H264, SSRC=1737652829, Seq=30849, Time=1706306819
RTP    Payload type=H264, SSRC=1737652829, Seq=30850, Time=1706306819
RTP    Payload type=H264, SSRC=1737652829, Seq=30851, Time=1706306819
```

<그림 28-5> 영상 RTP 패킷 분석

페이로드 타입은 H.264 로 엔코딩 된 영상을 페이로드로 보내는
RTP 패킷입니다. 동일한 SSRC 번호를 가지는 패킷이므로 같은
통화입니다. 시퀀스 넘버(Sequence Number)는 1 씩 증가하고 있고,
사이에 빠진 번호가 없으므로 네트워크상에서 패킷 손실은 없습니다.
타임스탬프가 동일한 이유는 하나의 영상 프레임에 대한 데이터가
많기 때문에 다수의 패킷으로 나누어서 전송하기 때문입니다.

5. RTP 관련 장애 처리

요즘은 전화기, 게이트웨이 등의 IP Telephony 장비들의 성능이
향상되어 품질 저하 이슈가 많지 않습니다. 그래도 엔지니어들은 음성
품질 관련 장애를 피할 수는 없습니다. 음성 품질 관련 장애를 해결을
위한 첫걸음은 다음 질문에서 시작합니다.

· RTP 패킷이 정상적으로 수신되는 가?

시그널링은 정상적이어도 RTP 패킷이 송수신되지 않는 경우가
있습니다. 실제 NAT (Network Address Translation) 이슈로 인해
주소가 잘못 지정되었을 수도 있습니다.

· SSRC 가 변경되지는 않았는가?

같은 통화의 패킷 임에도 SSRC 가 변경되면 다른 세션으로 인식되어 패킷은 폐기됩니다.

· 시퀀스 넘버는 일정하게 증가하는 가?

시퀀스 넘버가 순차적으로 증가하지 않고 갑자기 증가하거나 감소하는 경우가 있습니다. 예를 들어 100 다음 400 번이 오는 경우 수신 단말은 300 개의 패킷이 손실된 것으로 보고 재생하지 않습니다. 반대로 100 다음에 60 이 오는 경우 수신 단말은 이미 수신한 패킷으로 인식하고 재생하지 않습니다. RFC 3550 Appendix A.3 Determining Number of Packets Expected and Lost 에 의하면, 갑자기 비연속적인 시퀀스 넘버가 3 개 이상 연속될 경우 수신 단말은 시퀀스 넘버가 재설정된 것으로 인식하고 재생해야 합니다.

· 타임스탬프는 일정하게 증가하는 가?

타임스탬프는 패킷의 재생 시점을 확인하므로 갑자기 감소하거나 크게 증가하면 안 됩니다.

· 음질에 문제가 있는 가?

와이어 샤크로 RTP 패킷을 캡처하여 음성 파일로 만들어서 재생할 수 있습니다. 음성 파일에 문제가 있다면 송신 단말에서 문제가 있는 것이고, 음성 파일에 문제가 없다면 수신 단말의 문제입니다.

· 일정 시간 통화 중 갑자기 종료되는 가?

통화 중에 일정 시간 동안 유지되다가 갑자기 통화가 종료되는 경우는 RTCP 를 의심할 필요가 있습니다. 일반적으로 RTCP 를 비활성화합니다만 단말에 따라 자동으로 활성화되는 경우가 있습니다. 활성화된 단말과 비활성화된 단말 간에 통화 시 문제가 발생합니다. RTCP 는 일정한 간격으로 RTCP 의 송신자 보고 및 수신자 보고를 받지 않으면 호가 종료된 것으로 인식합니다.

· 통화 중에 무선 구간이 있는 가?

요즘 무선을 많이 사용하면서 음성 품질 저하의 주요 원인입니다. 무선 구간에서 발생하는 음성 품질 저하는 Wireless IP Telephony 에 기반한 디자인이 되었는지 부터 확인합니다.

29 장. NAT Traversal 의 이해

1. NAT 의 이해

IP 주소는 인터넷으로 라우팅이 불가능한 사설 IP 대역과 인터넷으로 라우팅이 가능한 공인 IP 대역으로 나뉩니다. 대부분의 일반 기업 및 통신 사업자들이 사설 IP 를 사용하는 이유는 공인 IP 주소의 부족과 보안 때문에 사용합니다. 사설 IP 대역의 보안은 인터넷에서 라우팅이 되지 않기 때문에 외부 접근이 차단됩니다. 사설 IP 대역은 다음과 같습니다.

· A Class (10.0.0.0/8) : 10.0.0.0 ~ 10.255.255.255.255
· B Class (172.168.0.0/12) : 172.16.0.0 ~ 172.31.255.255
· C Class (192.168.0.0 /16) : 172.168.0.0 ~ 192.168.255.255

PC 나 스마트폰이 사설 IP 주소를 사용해도 문제없이 인터넷의 서비스 나 웹 서핑을 할 수 있는 이유는 NAT 라는 기술 때문입니다. NAT 는 Network Address Translation 의 약어로 네트워크 주소 번역 기술 입니다. NAT 기능은 사설 IP 주소와 공인 IP 주소 간의 매핑 테이블을 생성하여 상호 변환해주는 기술입니다. NAT 기능이 활성화된 라우터나 방화벽 장비는 기업의 내부 망 (사설 망)과 인터넷 망을 사이에 위치하여 IP 주소를 변환합니다.

앨리스가 웹브라우저로 웹 서버에 접속할 때는 패킷은 출발지 IP 주소는 10.1.1.2 로 목적지 IP 주소는 20.1.1.5 를 사용합니다. NAT 기능을 수행하는 방화벽은 사설 IP 10.1.1.2 와 공인 IP 20.1.1.1 을 상호 변환하는 NAT 테이블을 생성하고 출발지 IP 주소 10.1.1.2 인 패킷의 주소를 공인 IP 주소 20.1.1.2 로 변환합니다. 반대로 앨리스의

웹브라우저가 보낸 패킷에 대한 응답 패킷은 목적지 IP 주소
20.1.1.2로 전달합니다. NAT 기능이 활성화된 방화벽은 NAT 매핑
테이블을 보고 20.1.1.2 주소를 사설 IP 주소 10.1.1.2로 변환합니다.
그래서 서로 통신이 가능합니다.

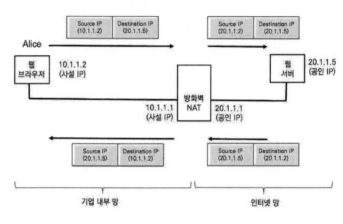

<그림 29-1> NAT

　　NAT가 활성화된 라우터나 방화벽이 NAT 매핑 테이블을 생성하는
시점은 내부의 트래픽이 외부의 인터넷망으로 패킷을 보낼 때
만들어집니다. 반대로 외부 인터넷 망에서 기업 내부 사설 망으로
접속하는 패킷은 NAT 매핑 테이블이 없으므로 패킷을 자동
폐기합니다. 인터넷 서비스가 문제가 없는 이유는 내부에서 외부로
트래픽이 나갈 때 생성된 NAT 매핑 테이블을 그대로 활용해서 외부
트래픽이 내부로 들어오는 것입니다. 최초의 트래픽이 내부에서
외부로 나가는 것이 중요합니다.

2. 인터넷을 통한 음성 및 영상 통화가 NAT Traversal 이 필요한 이유

인터넷 통화는 NAT 로 인해 문제가 발생합니다. 사설 망의 전화기가 인터넷 망의 전화기로 통화를 시도하면 시그널링은 정상적으로 이루어지지만, 인터넷 망의 전화기가 사설 망의 전화기로 통화를 시도하면 NAT 매핑 테이블이 없으므로 방화벽을 투과할 수 없습니다. 또한, VoIP 시그널링이 정상적으로 이루어지더라도 음성 트래픽은 양방향으로 서로 다른 세션을 이용합니다. 사설 망에서 인터넷망으로 나가는 미디어 트래픽은 문제가 없지만, 인터넷망에서 사설 망으로 들어오는 미디어 트래픽은 NAT 매핑 테이블이 없으므로 투과할 수 없습니다.

인터넷 전화가 NAT 환경에서도 잘 되도록 하는 기술을 NAT Traversal (NAT 투과 기술)이라 하고, 방화벽 장비들이 NAT 를 많이 사용하므로 Firewall Traversal (방화벽 투과 기술) 이라고도 합니다. NAT 투과 기술이 복잡한 이유는 수동으로 NAT 매핑 테이블을 생성하여 외부에서 내부로 들어오도록 하더라도 문제가 발생하기 때문입니다.

NAT Traversal 은 OSI 7 Layer 의 Layer 3 네트워크 계층에서 IP 주소 변환이 이루어지지만, VoIP 프로토콜은 Layer 7 인 응용 계층에서 동작합니다. NAT 기능이 활성화된 장비들은 응용 계층의 애플리케이션을 인식하지 못합니다. VoIP 프로토콜은 응용 계층의 SDP Offer 와 SDP Answer 로 RTP 미디어 스트림이 사용할 주소를 알려줍니다. 하지만, Layer 3 장비들은 RTP 가 사용하는 주소를 공인 IP 주소로 변경해 주지 못하므로 NAT Traversal 기술이 필요합니다.

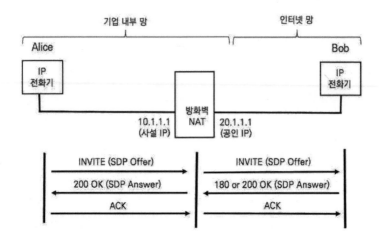

<그림 29-2> VoIP 에서 NAT 가 문제가 되는 이유

1) 앨리스의 INVITE 와 SDP Offer

앨리스는 밥과 통화를 하기 위해 SIP INVITE 요청과 SDP Offer 를
전달합니다.

```
INVITE sip:bob@biloxi.com SIP/2.0
Via: SIP/2.0/TCP pc33.atlanta.com;branch=z9hG4bK74bf9
Max-Forwards: 70
From: Alice <sip:alice@atlanta.com>;tag=9fxced76sl
To: Bob sip:bob@biloxi.com
Call-ID: 123456789@pc.atlanta.com
CSeq: 31862 INVITE
Contact: <sip:alice@atlanta.com>
Content-Type: application/sdp
Content-Length: 142
```

```
v=0
o=alice 2890844526 2890844526 IN IP4 atlanta.com
c=IN IP4 10.1.3.33
t=0 0
m=audio 49172 RTP/AVP 0
a=rtpmap:0 PCMU/8000
```

SIP 메시지와 SDP 메시지는 발신자와 수신자를 가리키는 주소 체계를 URI 또는 IP 주소체계를 사용합니다. 사용된 IP 주소가 사설 IP 주소 대역일 경우 인터넷을 통해 라우팅 될 수 없으므로 문제가 됩니다. SDP 메시지의 내용에 'c='에 사설 IP 가 사용되었으므로 밥이 전송하는 RTP 미디어 스트림은 인터넷을 통해 라우팅 되지 못합니다.

2) NAT Traversal 문제가 발생할 경우

SIP 메시지와 SDP 메시지에서 사설 IP 주소가 사용되면 통화에 문제를 일으킵니다.

· 사설 IP 가 적용된 Via 헤더

SIP INVITE 요청에 대한 200 OK 응답은 Via 헤더의 주소로 전달됩니다. SIP Proxy 서버가 INVITE 요청에 삽입한 Via 헤더의 사설 IP 주소는 인터넷 망을 통해 라우팅 될 수 없습니다.

· 사설 IP 가 적용된 Contact 헤더

SIP INVITE / 200 OK / ACK 이후의 새로운 요청은 Contact 헤더를 이용합니다. 수신자가 통화를 종료할 경우 BYE 요청은 Contact

헤더의 사설 IP 주소로 전송되므로 인터넷 망을 통해 라우팅 될 수 없습니다. 따라서, 발신자는 통화가 중단 되었는 지를 알지 못합니다.
· SDP 메시지의 'c='

'C='는 실제 음성을 실어 나르는 RTP 프로토콜이 사용하는 주소입니다. 사설 IP 가 사용되면 RTP 패킷은 인터넷을 통해 라우팅 될 수 없습니다.

3. NAT Traversal 에 대한 해결책

지금은 애플리케이션 서비스들이 직접적으로 IP 주소를 사용하지 않도록 하지만, SIP 는 이런 합의 이전에 만들어진 프로토콜이므로 IP 주소의 사용이 가능합니다. NAT Traversal 이 중요한 이유는 음성 및 영상 통화가 기업 내부에서만 이루어지는 것이 아니기 때문입니다. 기업과 기업 간의 연결 뿐만 아니라 전 세계 어디라도 전화를 걸 수 있어야 하기 때문입니다. 인터넷 전화 및 영상 통화는 NAT Traversal 기술의 발전의 역사입니다.

NAT Traversal 또는 방화벽 투과 기술을 위해 사용하는 제품들은 두 가지가 있습니다.

· ALG (Application Layer Gateway)

응용 계층 (Application Layer)의 프로토콜인 H.323 및 SIP 시그널링을 인지하고 사용하는 IP 주소를 변경합니다. 방화벽 제품들 중에 ALG 기능을 활성화할 수 있지만, 모든 패킷을 Layer 3 에서

Layer 7 까지 분석해야 하므로 많은 리소스가 필요합니다. 실제 잘 사용하지도 않고 사용하더라도 여러 문제를 일으킵니다.

· SBC (Session Border Controller)

　망의 경계에 위치하여 Topology Hiding 과 NAT Traversal 기능을 수행합니다. VoIP 시그널링 및 RTP 트래픽까지 종단합니다. SBC 는 통신 사업자들이 많이 사용하고, B2B 연결에서도 일반화된 제품입니다.

　ALG 와 SBC 를 이용하는 방법은 장비나 서버 기반으로 해결하는 방법으로 모든 상황에 사용하기 어렵고 네트워크 복잡도를 증가시킵니다. 그래서 모든 네트워크 상황에서 적용할 수 있는 NAT Traversal 기술인 ICE (Interactive Connectivity Establishment) 기술이 주목받고 있습니다. ICE 가 만능은 아니지만 지금까지의 NAT Traversal 기술 중에서 단말에서 해결하려는 시도입니다.

30 장. ICE 의 이해

1. ICE 의 개요

ICE 는 Interactive Connectivity Establishment 의 약어로 RFC 5245 A protocol for Network Address Translator (NAT) Traversal for Off/Answer Protocols 에 정의되었습니다. ICE 는 두 단말이 서로 통신할 수 있는 최적의 경로를 찾을 수 있도록 도와주는 프레임 워크입니다. ICE 는 STUN (Session Traversal Utilities for NAT, RFC 5389)와 TURN (Traversal Using Relay NAT, RFC 5766)을 활용하는 프레임워크로 SDP 제안 및 수락 모델(Offer / Answer Model)에 적용할 수 있습니다.

ICE 는 두 단말 간의 제안 및 수락 모델로 생성되는 실시간 UDP 미디어 스트림을 송수신하기 위한 NAT Traversal 기술이지만 TCP 전송 프로토콜에도 적용 가능합니다. ICE 는 STUN 과 TURN 프레임워크로 확보된 통신 가능한 여러 IP 주소와 포트 넘버를 SDP Offer 와 SDP Answer 를 통해 상대방에게 전달합니다. 두 단말은 확보된 모든 주소에 대해 단대단 (Pee-to-peer) 연결성 테스트를 진행하고 통신 가능한 주소로 RTP 미디어 스트림을 송수신합니다.

2. STUN (Session Traversal Utilities for NAT)의 이해

STUN 은 클라이언트-서버 프로토콜입니다. STUN 클라이언트는 사설 망에 위치하고 STUN 서버는 인터넷 망에 위치합니다. STUN 클라이언트는 자신의 공인 IP 주소를 사전에 확인하기 위해 STUN

서버에게 요청하고, STUN 서버는 STUN 클라이언트가 사용하는 공인 IP 주소를 응답합니다.

STUN 클라이언트는 자신이 사용할 공인 IP 주소를 알 수 없으므로 STUN 서버에게 자신의 공인 IP 주소를 요청합니다. STUN 메시지가 방화벽을 지날 때 네트워크 계층의 IP와 전송 계층의 포트 넘버가 바뀝니다. STUN 서버는 패킷의 IP 헤더와 UDP 헤더의 값 (클라이언트의 공인 주소)과 STUN 메시지 안에 있는 STUN 클라이언트의 IP 주소와 UDP 포트 넘버 (클라이언트의 사설 주소)를 비교합니다. STUN 서버는 두 개의 서로 다른 주소에 대한 바인딩 테이블을 생성하고 요청에 대한 응답 메시지에 공인 IP 주소를 보냅니다. STUN 클라이언트는 VoIP 시그널링을 생성할 때 사설 IP가 아닌 공인 IP 주소를 사용합니다.

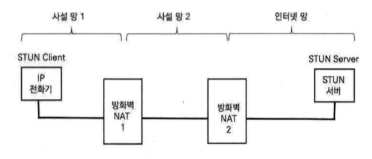

<그림 30-1> RFC 5389 의 STUN

STUN 클라이언트의 주소는 호스트 주소 또는 단말 주소라고 하고, STUN 서버가 알려주는 주소는 Reflexive Transport Address 또는 Mapped Address 라고 합니다. STUN 클라이언트는 SIP 메시지와 RTP 메시지에 Reflexive Transport Address 를 사용합니다.

STUN이 항상 효과적이지는 않습니다. 두 단말이 같은 NAT 환경에 있을 경우 STUN은 동작하지 않습니다. 또한, Symmetric NAT로 동작하는 사설 망 환경에서는 애플리케이션이 다르면 NAT 매핑 테이블이 바뀌기 때문에 사용할 수 없습니다. STUN 메시지로 확인한 STUN 클라이언트의 Reflexive Transport Address가 다른 애플리케이션인 SIP 시그널링과 RTP 프로토콜을 사용할 때는 주소가 바뀝니다.

3. TURN (Traversal Using Relays around NAT, RFC 5766)의 이해

TURN 프로토콜은 NAT 환경에 단말이 릴레이 서버를 이용하여 통신하게 합니다. TURN 클라이언트는 사설 망에 위치하고 TURN 서버는 인터넷 망에 위치합니다. TURN 클라이언트는 통화를 할 피어들과 직접 통신하는 것이 아니라 릴레이 서버 역할을 하는 TURN 서버를 경유합니다.

TURN 서버의 주소는 관리자가 직접 설정하거나 설정 파일을 다운로드한다고 가정합니다. TURN 클라이언트는 사설 주소 (Host Transport address) 포함된 TURN 메시지를 TURN 서버로 전송합니다. TURN 서버는 TURN 메시지에 포함된 사설 주소(Host Transport address)와 TURN 메시지 패킷의 공인 주소인 layer 3 IP 주소와 Layer 4 UDP 포트 넘버 (Server-reflexive transport address)를 차이를 확인합니다. TURN 서버는 TURN 클라이언트의 공인 주소(Server-reflexive transport address)로 응답합니다. NAT

장비는 NAT 매핑 테이블에 있는 정보에 따라 TURN 응답 메시지를 클라이언트의 사설 주소(Host Transport address)로 전송합니다.

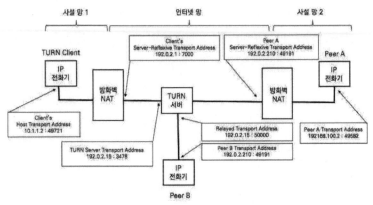

<그림 30-2> RFC 5766 TURN

TURN 서버는 릴레이 역할을 하는 서버의 공인 주소(Relay Transport address)를 할당하는 역할을 합니다. 대규모 전개가 아니라면 TURN 서버와 릴레이 서버는 동일한 서버입니다.

4. STUN 과 TURN 정리

STUN 은 단말이 자신의 공인 IP 주소와 포트를 확인하는 과정에 대한 프로토콜이고, TURN 은 단말이 패킷을 릴레이 시켜 줄 서버를 확인하는 과정에 대한 프로토콜입니다. STUN 서버는 사설 주소와 공인 주소를 바인딩하고, TURN 서버는 릴레이 주소를 할당합니다. 특히 TURN 은 ICE 에서 직접 사용합니다.

5. ICE Candidate Gathering

ICE 를 실행하는 단말들은 통신이 가능한 모든 주소를 식별합니다. 처음에 클라이언트는 STUN 메시지를 TURN 서버로 전송하고 수신하는 과정에서 릴레이 주소를 확인합니다. 릴레이 주소는 TURN 서버가 패킷 릴레이를 위해 할당하는 주소입니다.

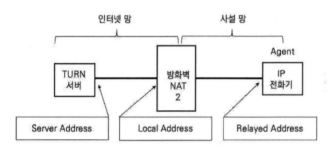

<그림 30-3> ICE Candidate Relationship

Candidate 는 IP 주소와 포트 넘버의 조합으로 표시된 주소를 의미합니다. 통신 가능한 모든 주소를 획득하는 과정은 TURN 과 STUN 을 설명하면서 완료하였으므로 생략합니다. TURN 서버는 Relayed Candidate 와 Server Reflexive Candidate (단말의 공인 IP 주소)를 응답하고, STUN 서버는 Server Reflexive Candidate (단말의 공인 IP 주소)를 응답합니다. 결국, 사설 망에 있는 단말은 3 개의 통신 가능한 주소를 획득합니다.

· Local Address : 자신의 사설 IP 주소와 포트 넘버
· Server Reflexive Address : 자신의 공인 IP 주소와 포트 넘버
· Relayed Address : TURN 서버의 IP 주소와 포트 넘버

만일 단말이 인터넷 망에 있다면 Server Reflexive Address 와 Local Address 는 동일합니다. 각 주소의 상관관계를 정리해 봅니다. 두 단말이 각각 3 개의 주소를 가지고 있고 서로가 상대방의 주소 수집(Candidate Gathering)으로 알 수 있습니다. 그러면, Local Address 와 Local Address, Server Reflexive Address 와 Server Reflexive Address, 그리고 Relayed Address 와 Relayed Address 간의 연결이 가능합니다. 또한, 한 단말의 Local Address 와 다른 단말의 Server Reflexive Address 와도 연결이 가능합니다.

ICE Candidate Gathering 은 SDP Offer 에 3 개의 Candidate 와 SDP Answer 에 3 개의 Candidate 를 우선순위를 정하여 교환하는 것입니다. SIP 메시지에 전달되는 SDP 메시지를 살펴봅니다.

```
v=0
o=jdoe 2890844526 2890842807 IN IP4 10.0.1.1
s=
c=IN IP4 192.0.2.3
t=0 0
a=ice-options:ice2
a=ice-pwd:asd88fgpdd777uzjYhagZg
a=ice-ufrag:8hhY
m=audio 45664 RTP/AVP 0
b=RS:0
b=RR:0
a=rtpmap:0 PCMU/8000
a=candidate:1 1 UDP 2130706431 10.0.1.1 8998 typ host
a=candidate:2 1 UDP 1694498815 192.0.2.3 45664 typ srflx raddr
10.0.1.1 rport 8998
```

RTP 패킷이 사용하는 목적지 주소인 'C=' 속성은 기존의 SDP 와 동일합니다. 'a=candidate' 속성에 우선순위를 정하여 IP 주소와 UDP

포트 넘버를 명시합니다. Candidate 1 은 Local Address 인 단말의 사설 IP 주소이고, Candidate 2 는 Server-reflexive Address 인 단말의 공인 IP 주소를 전달하였습니다. 만일 단말이 두 개 이상의 Local IP 주소를 사용한다면 모두 명기합니다.

6. ICE 연결성 체크 (Connectivity Checks)

두 단말은 TURN 서버와 메시지 교환을 통해 자신의 3 개 Candidate 주소를 확인하고 SDP Offer 와 SDP Answer 를 통해 상대방의 3 개 Candidate 주소를 확인합니다.

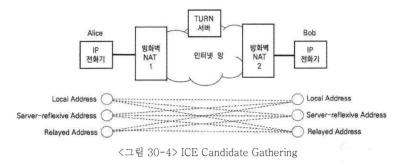

<그림 30-4> ICE Candidate Gathering

상대방의 Candidate 와 자신의 Candidate 로 실제 사용할 RTP 와 RTCP 가 통신이 가능한지를 확인합니다. 주어진 모든 Candidate 에 대한 확인을 마치고 나면 사용 가능한 주소 리스트가 만들어집니다.

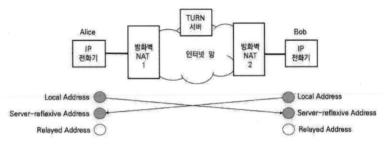

<그림 30-5> ICE Connectivity Checks

7. 정리

ICE 는 마이크로소프트나 시스코와 같은 제조사들이 적극 도입하는 프로토콜입니다. 다자간 통화는 중앙의 다자간 회의 서버로 모여야 하므로 기존의 NAT Traversal 기능을 써야 합니다. 그러나 일대일 통화라면 ICE 는 중앙의 TRUN 서버의 부담을 줄이고 실시간 미디어 트래픽의 품질을 개선할 수 있습니다. ICE 를 사용하기 위해서는 단말과 클라이언트 그리고 TURN 서버가 ICE 를 지원해야 합니다.

31. SIP 보안의 이해 (상) - 사용자 인증

1. SIP 보안이 필요한 이유

지금까지 우리는 앨리스와 밥이 인터넷으로 통화를 잘할 수 있는 방법을 살펴봤습니다. 인터넷은 지식의 바다이지만 위험요소가 상존하는 공간입니다. 지금부터 우리는 앨리스와 밥이 인터넷으로 안전하게 통화를 잘할 수 있는 방법을 고민합니다.

앨리스가 밥과 통화를 할 때 필요한 장비는 두 대의 전화기와 한 대의 SIP Proxy 서버입니다. 엔지니어 입장에서 기업의 IP 네트워크 또는 인터넷 네트워크는 더 많은 것들로 이루어져 있습니다. 전화 한 통화가 이루어지기 위해 거쳐야 하는 장비는 수많은 전화기, 스위치, 라우터, 방화벽, SBC 그리고 SIP Proxy 서버가 있습니다. 인터넷의 모든 장비들은 관리자가 있고 각 속한 기업이나 조직의 관리 정책에 의해 운용됩니다. 안전한 전화 통화를 위해 모든 장비가 안전하게 설계되고 구축되는 지를 확인하지 않습니다. 기본적으로 안전하게 관리된다고 가정합니다.

SIP Security 는 기업 내부에 있는 IP 전화기와 SIP Proxy 서버 간의 안전한 통신에 관심을 가집니다. 실제 통화하는 단말과 단말 간의 안전한 통신에 관심을 가집니다. 그리고, 전화통화에 참여하는 앨리스와 밥이 안전하다고 믿을 수 있는 보안 정책이 필요합니다. 앨리스와 밥이 안전하다고 신뢰할 수 있는 방안들이 갖추어져야 편하게 대화가 가능합니다.

2. 기본적인 SIP Security

SIP 프로토콜을 안전하게 사용하는 방법을 살펴봅니다.

- Digest Authentication (사용자 인증)

  도메인 내의 SIP Proxy 서버는 발신자가 인증된 사용자인지를 확인합니다. HTTP 프로토콜도 사용하는 인증방식으로 재사용 공격 방지와 인증을 제공합니다.

- TLS

  Hop by Hop 또는 End-to-End 로 시그널링에 대한 기밀성과 무결성을 보장합니다.

- S/MIME (Secure / Multipurpose Internet Mail Extension)

  SIP 메시지 바디는 MIME 으로 작성하여 암호화합니다. 암호화는 메시지에 기밀성 및 무결성을 제공합니다.

- Network Asserted Identity (NAI)

  같은 도메인 내의 발신자를 식별합니다.

- SIP Identity

  도메인과 도메인 간에 발신자를 인증합니다.

- SIP Privacy

  외부 도메인에 대해 메시지의 특정 부분을 보호합니다.

  SIP 프로토콜은 한 가지 방법을 사용하는 것이 아니라 서로 상호 보완적으로 사용합니다. 이 중에 몇 가지만을 살펴봅니다.

3. HTTP Digest Authentication (단순 인증)

SIP 단순 인증은 RFC 2617 HTTP Digest Authentication 에
기반을 둔 사용자 인증 방법입니다.

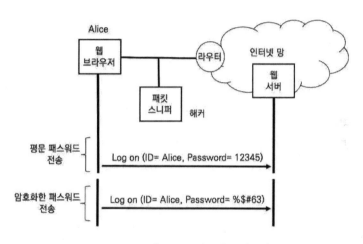

<그림 31-2> 패스워드 암호화

웹 서버에 로그인하기 위해 사람들은 웹브라우저에서 사용자 명과
패스워드를 입력합니다. 패스워드를 평문 그대로 전송한다면 해커는
손쉽게 패킷을 캡처하여 손쉽게 패스워드를 얻을 수 있습니다. 그래서
패스워드를 해시 하여 전송한다면 해커는 패킷을 캡처하여도
패스워드를 얻을 수 없습니다. 해시는 패스워드를 특정한 길이의
난수열로 바꾸는 기법입니다. 암호는 다시 복호화하여 원문을 얻을 수
있지만 해시는 복호화가 불가능한 것이 특징입니다. 따라서, 웹
서버에 저장된 패스워드를 해시 하고 전송된 패스워드 해시값과
비교하여 같으면 승인합니다. 문제는 MD5 와 같은 오래된 해시

기법을 사용하거나 패스워드가 변경되지 않는 한 동일한 해시 값이
전달되므로 언젠가는 해킹 될 우려가 있습니다.

현재의 암호화 기법은 시스템이 동적으로 해시 값이 매번
변경되도록 하여 해커가 추측하지 못하게 합니다. 매번 전송되는
패스워드의 해시 값을 변경하기 위해 합의된 난수열을 사용합니다.

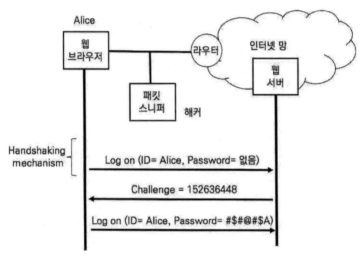

<그림 31-3> HTTP Digest Authentication

앨리스가 처음 로그인 시도 시에는 유저네임만을 전송합니다. 웹
서버는 랜덤 난수열을 생성하여 Challenge 로 응답합니다. 앨리스가
패스워드를 해시 할 때 패스워드와 Challenge 값을 함께 해시 합니다.
이렇게 하면 해시 값이 매번 변경되므로 해커가 유추할 수 없습니다.

4. SIP Digest Authentication

SIP Digest Authentication 은 HTTP Digest Authentication 과 동작 방식은 동일하지만, HTTP 프로토콜이 아니라 SIP 프로토콜 위에서 동작하는 것이 다릅니다.

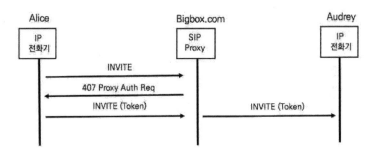

<그림 31-4> SIP Digest Authentication

1) 앨리스의 INVITE

앨리스는 SIP INVITE 요청을 SIP Proxy 서버로 전송합니다.

```
INVITE sip:audrey@atlanta.com SIP/2.0
Via: SIP/2.0/TCP pc33.atlanta.com;branch=z9hG4bK74b43
Max-Forwards: 70
From: Alice <sip:alice@atlanta.com>;tag=9fxced76sl
To: Audrey sip:audrey@atlanta.com
Call-ID: 3848276298220188511@pc33.atlanta.com
CSeq: 31862 INVITE
Contact: sip:alice@atlanta.com
Content-Type: application/sdp
Content-Length: 151
```

2) SIP Proxy 서버의 407 Proxy Authorization Required

SIP Proxy 서버는 INVITE 메시지에 사용자 인증에 대한 정보가 없으므로 407 Proxy Authorization Required 응답을 앨리스에게 전달합니다.

```
SIP/2.0 407 Proxy Authorization Required
Via: SIP/2.0/TLS pc33.atlanta.com;branch=z9hG4bK74b43 ;
received=10.1.3.33
From: Alice <sips:alice@atlanta.com>;tag=9fxced76sl
To: Audrey <sips:audrey@atlanta.com>;tag=3flal12sf
Call-ID: 3848276298220188511@pc33.atlanta.com
CSeq: 31862 INVITE
Proxy-Authenticate: Digest realm="atlanta.com", qop="auth",
nonce="f84f1cec41e6cbe5aea9c8e88d359", opaque="", stale=FALSE,
algorithm=MD5
Content-Length: 0
```

SIP Proxy 서버는 SIP INVITE 요청에 대해 사용자 인증을 요청하려고 응답합니다. Proxy-Authenticate 헤더는 여러 가지 정보를 포함하고 있습니다. 주요 정보를 간단하게 정리해 봅니다.

- realm="atlanta.com"
  도메인 네임

- qop="auth"
  사용자 인증 정보 요청

- nonce="f84f1cec41e6cbe5aea9c8e88d359"
  HTTP Digest Authentication 의 Challenge 값과 동일한 시간을 기반으로 한 난수열

INVITE 를 받은 SIP Proxy 서버는 407 Proxy Authorization Required 로, SIP REDIRECT 서버나 REGISTRA 서버는 401 Unauthorized 로 응답합니다.

3) 앨리스의 INVITE (Token)

앨리스는 INVITE 메시지에 Authorization 헤더를 이용하여 사용자 인증 정보를 전달합니다.

```
INVITE sips:audrey@atlanta.com SIP/2.0
Via: SIP/2.0/TLS pc33.atlanta.com;branch=z9hG4bK776asdhds ;
received=10.1.3.33
Max-Forwards: 70
Route: sips:bigbox.atlanta.com;lr
To: Audrey sips:audrey@atlanta.com
From: Alice <sips:alice@atlanta.com>;tag=1928301774
Call-ID: a84b4c76e66710@pc33.atlanta.com
CSeq: 31863 INVITE
Contact: sips:alice@pc33.atlanta.com
Content-Type: application/sdp
Content-Length: 151
Authorization: Digest username="audrey", realm="atlanta.com"
nonce="ea9c8e88df84f1cec4341ae6cbe5a359", opaque="",
uri="sips:audrey@atlanta.com",
response="dfe56131d1958046689d83306477ecc"
```

407 Proxy Auth Required 응답의 Proxy-Authenticate 헤더의 nonce 값을 이용하여 생성한 해시 값과 사용자 인증 정보를 Authorization 헤더로 전달합니다. 주요 정보를 간단하게 살펴봅니다.

· username="audrey"
　사용자명

- realm="atlanta.com"
  도메인 네임

- nonce="ea9c8e88df84f1cec4341ae6cbe5a359"
  HTTP Digest Authentication 의 Challenge 값과 동일한 시간을
  기반으로 한 난수열

- uri=sips:audrey@atlanta.com
  착신 측의 URI 주소

- response="dfe56131d1958046689d83306477ecc"
  패스워드 해시 정보

3) SIP Proxy 서버의 INVITE (Token)

SIP Proxy 서버는 오드리에게 앨리스가 보낸 메시지를 그대로
전달합니다. SIP Proxy 서버는 응답을 받기 위해 Via 헤더만을
추가합니다.

5. 정리

인터넷 전화를 안전하게 사용하기 위한 첫걸음이 사용자
인증입니다. 아무리 Digest Authentication 이 안전한 사용자
인증이라 하더라도 SIP 메시지가 패킷 캡처로 보입니다. 실제 인터넷
전화에서는 TLS / SRTP 를 추가적으로 사용합니다.

32. SIP 보안의 이해 (중)- TLS

1. TLS 와 SRTP 의 개요

공공기관과 보안을 중요시하는 기업들은 보안이 강화된 Secure IP Telephony 를 구현합니다. Secure IP Telephony 는 매우 복잡한 체계로 구현되지만 주요 프로토콜은 TLS (Transport Layer Security)와 SRTP(Secure RTP)입니다. TLS 는 SIP 시그널링 메시지를 암호화하고, SRTP 는 음성과 영상 트래픽을 암호화합니다. Secure IP Telephony 가 구현된 네트워크에서 중간에 패킷을 캡처하더라도 내용을 유추할 수 없습니다.

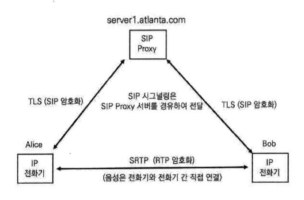

<그림 32-1> TLS & SRTP

TLS 는 넷스케이프 사에 전자 상거래 등의 보안을 위해 개발한 SSL (Secure Socket Layer Protocol) 프로토콜이 RFC 2246 으로 1999 년에 표준화된 후 현재는 RFC 5246 TLS 1.2 가 표준화 되었습니다. RFC 8446 TLS 1.3 도 표준화 되었지만, 가장 널리 쓰이는 것은 TLS 1.2 입니다. TLS 는 OSI 7 계층 중 전송 계층에서 수행되는 프로토콜이므로 응용 계층의 프로토콜인 HTTP, XMPP,

FTP 등 사용할 수 있습니다. TLS 는 기밀성, 무결성 및 사용자 인증까지 제공할 수 있는 프로토콜로써 확장성 및 효율성이 뛰어나 광범위하게 사용됩니다.

2. SIP 프로토콜을 위한 TLS

TLS 는 이름 그대로 전송 계층인 TCP 에 신뢰성을 강화할 수 있는 프로토콜입니다. TLS 가 적용할 경우 SIP 프로토콜이 전송 프로토콜로 TCP 만 사용해야 합니다.

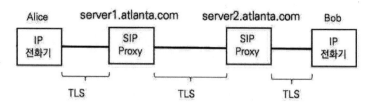

<그림 32-2> Hop-by-Hop 전송 프로토콜

앨리스와 밥 간에 직접 단대단(End-to-End) TLS 세션이 만들어져 SIP 프로토콜을 주고받는다고 가정해 봅시다. SIP Proxy 서버는 Via 헤더와 같은 SIP 메시지를 추가 변경 삭제를 할 수 없고, SIP 메시지를 확인할 수 없으므로 호의 상태를 전혀 추적할 수 없습니다. 따라서, TLS 는 홉 바이 홉(Hop-by-hop)으로 세션을 생성합니다.

홉 바이 홉으로 생성된 TLS 세션을 통해 SIP 프로토콜의 운영 방식을 변경하지 않고도 안전하게 전달할 수 있습니다. 두 개의 SIP

Proxy 서버가 모두 사용자 인증을 요구할 경우에는 사용자 인증을 모두 수행합니다.

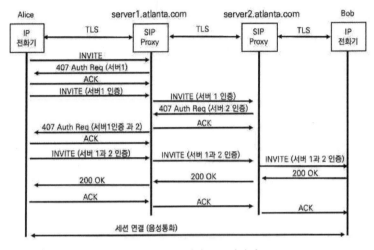

<그림 33-3> TLS 세션으로 전달되는 SIP

3. TLS 협상 절차

TLS 세션을 생성하기 위한 파라미터 교환은 TLS Handshake 프로토콜이 진행합니다. TLS 클라이언트와 서버가 통신하기 위해서는 TLS 버전, 암호화 알고리즘 및 상호 인증을 수행합니다. 그리고, 공개키 암호화 기법을 이용하여 암호화 키를 생성하고 교환합니다. 최초 세션 연결은 Full Handshake 절차로 진행하고, 세션이 다시 시작할 때는 간소한 Abbreviated Handshake 를 진행합니다

앨리스 전화기와 SIP Proxy 서버 간의 TLS Full Handshake
절차입니다.

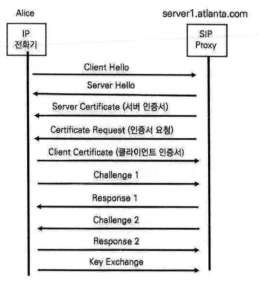

<그림 33-4> TLS Full Handshake

1) TLS Hello 교환

TLS 버전과 속성 그리고 암호화 알고리즘을 협상합니다. Client
Hello 와 Server Hello 가 교환됩니다.

2) Certificate Exchange (인증서 교환)

SIP Proxy 서버 인증서를 전달하면서 클라이언트 인증서를
요청합니다. 클라이언트는 서버 인증서를 검증하기 위해 자신의
인증서 목록에 인증서 발행 기관 (CA, Certificate Authority)의
인증서가 있는 지를 확인합니다. 인증서 목록에 있다면 검증을

수행하고 서버의 인증서를 신뢰합니다. 없다면 TLS 세션은 종료됩니다. SIP Proxy 서버도 동일한 과정을 거쳐 인증서를 신뢰합니다.

3) 상호 인증 (Server to Phone, Phone to Server)

클라이언트는 랜덤 문자열을 생성하여 서버로 전송합니다. 서버는 개인키 (Private Key)로 랜덤 문자열을 서명한 후 전달합니다. 클라이언트는 서버가 서명을 서버의 공개키로 검증합니다. 이와 마찬가지로 수행되지만 옵션입니다.

4) TLS Session Key 교환

SIP Proxy 서버와 클라이언트가 상호 인증을 완료하였습니다. SIP 시그널링을 암호화할 때 사용할 대칭 암호키를 교환합니다. 공개키와 개인키를 이용한 비대칭 암호화는 엄청난 리소스 소모가 발생하므로 많은 내용을 실시간으로 암호화할 수 없습니다. 그래서, 대칭 암호화 기법을 사용하여 암호화하고, 비대칭 암호화 방식은 대칭 암호화를 위한 암호화 키를 교환하기 위해 사용합니다. 키 교환 (Key Exchange)은 대칭 암호화 키를 교환하는 과정입니다.

클라이언트는 암호화 키를 생성한 후에 서버의 공개키로 암호화하여 전달합니다. 오직 서버의 개인키로만 복호화가 가능하므로 해커에 의해 패킷이 중간에 탈취되더라도 서버만이 확인할 수 있습니다. 클라이언트 전화기와 CUCM 서버는 동일한 세션 키를 안전하게 확보합니다.

5) Finished

세션 암호화 키를 교환 후에 암호화 방식을 변경하거나 세션을 종료합니다.

33 장. SIP 보안의 이해 (하)

1. S/MIME (Secure / Multipart Internet Mail Extension)

S/MIME 는 SDP 를 암호화하거나 SIP 메시지에 대한 서명과 무결성을 제공합니다. SIP 헤더는 평문이지만 SIP 메시지 바디는 암호화합니다.

> INVITE sip:bob@biloxi.com SIP/2.0
> Via: SIP/2.0/UDP pc33.atlanta.com;branch=z9hG4bKnashds8
> To: Bob <sip:bob@biloxi.com>From:
> Alice <sip:alice@atlanta.com>;tag=1928301774
> Call-ID:12345678@pc33.atlanta.com
> CSeq: 314159 INVITE
> Max-Forwards: 70
> Contact: sip@pc33.atlanta.com
> Content-Type: application/pkcs7-mime;smime-type=enveloped-data; name=smime.p7m
> Content-Disposition: attachment;filename=smime.p7m
> handling=required
>
>
> JB23LB645V73V73MNB73KV7K4VLHV4T234T2T2JH5NG5CMGX5
> MYM5SMN5GYCWG5CYMWYMWHNHG5MC5YGWC5CW5WIU87W3
> 4TO8W7FLW5LWC5WC5C4L5CLWCTYWJHC54JHCW45HCWLJ5HC
> WL5CLWJH5CLJH4C5JHEWCLTJ

Content-Type 헤더의 application/pkcs7-mime 값이 SIP 메시지 바디가 S/MIME 임을 가리킵니다. S/MIME 는 SHA1 인증과 3 DES 암호화 알고리즘을 사용합니다. S/MIME 를 사용하는 이유는 단대단 (End-to-End) 보안을 제공하기 위한 제한적인 상황에서 이용합니다. SIP 시그널링 전달 과정에 SIP Proxy 서버는 내용을 알 수 없으므로

SIP Proxy 서버가 있어야 수행할 수 있는 부가 서비스는 사용할 수 없습니다. 현장에서 거의 쓰이지 않습니다.

2. Network Asserted Identity/Privacy (Trusted)

도메인 내에서 사용자 인증은 Digest Authentication 을 이용하고, 사용자 식별은 Network Asserted Identity 를 이용합니다. 사용자를 식별하기 위해 세 가지 SIP 헤더가 필요합니다.

· P-Asserted-Identity (PAI) : SIP Proxy 서버가 생성

PAI 헤더는 신뢰할 수 있는 SIP 컴포넌트 간에 사용되며 SIP 메시지를 보내는 사용자를 식별합니다. From 헤더는 SIP Proxy 서버와 같은 SIP 컴포넌트들에 의해 추가 변경 삭제가 가능하므로 정확한 사용자 식별이 불가능합니다. PAI 헤더는 생성 이후에는 변경이 불가능하며 From 헤더보다 우선순위가 높습니다. PAI 헤더는 SIP Proxy 서버가 사용자를 인증하고 생성하는 헤더이므로 신뢰성이 높습니다. 주로 과금 정보 생성에 활용됩니다.

· P-Preferred-Identity (PPI) :UAC 가 생성

PPI 헤더는 신뢰할 수 있는 도메인 내에서 UAC 가 선호하는 URI 를 지정합니다. UAC 가 신뢰할 수 있는 SIP Proxy 서버에게 SIP Message 를 보내는 자신의 정확한 ID 를 명기합니다.

· Privacy

Privacy 헤더는 P-Asserted-Identity 헤더를 추가할지 삭제할지를 결정합니다. 만일 Privacy 헤더가 없으면 임의대로 결정합니다. 'id'는 신뢰할 수 없는 도메인으로 SIP 메시지를 전달할 때 P-Asserted-Identity 헤더를 삭제할 것을 의미하고, 'none'은 신뢰할 수 없는 도메인으로 SIP 메시지를 그대로 전달할 것을 의미합니다.

NAI 는 신뢰할 수 있는 SIP 서버 네트워크가 인증된 사용자를 식별하고 상호 간에 프라이버시를 형성합니다. SIP Proxy 서버는 PAI 헤더를 가진 SIP 메시지는 신뢰할 수 있으므로 인증 대신 사용할 수 있습니다. PAI 를 가진 SIP 메시지는 SIP Digest Authentication 이 SIP Proxy 서버에 의해 수행된 것이므로 SIP Proxy 서버를 신뢰할 수 있으면 가능합니다. 따라서, Privacy 설정으로 단순히 PAI 를 전송할지 말지를 결정하는 것이 아니라 상호 간의 신뢰가 담보되는지 않는 지를 사전에 관리자가 확인하는 것이 중요합니다. 자세한 사항은 RFC 3325 Private Extensions to the SIP for Asserted Identity within Trusted Networks 에 정의되어 있습니다.

<그림 33-1> NAI

1) 앨리스의 INVITE

앨리스는 오드리와 통화하기 위해 SIP Proxy 서버로 INVITE 를
전송합니다.

```
INVITE sip:audrey@atlanta.com SIP/2.0
Via: SIP/2.0/TCP pc33.atlanta.com;branch=z9hG4bK74b43
Max-Forwards: 70
From: <sip:anonymous@anonymous.invalid>;tag=9fxt6c
To: Audrey sip:audrey@atlanta.com
Call-ID: 3848276298220188511@pc33.atlanta.com
CSeq: 31862 INVITEP-Preferred-Identity:
Alice sip:alice@atlanta.com
Privacy: none
Content-Type: application/sdp
Content-Length: 151
```

From 헤더는 anonymous(익명)으로 표시하고, P-Preferred-
Identity 헤더에 앨리스의 사용자 정보를 포함합니다. P-Preferred-
Identity 헤더가 From 를 우선하기 때문에 From 헤더의 값은 무시
됩니다. Privacy 헤더는 P-Asserted-Identity 헤더를 사용할지 말
지를 표시합니다.

2) SIP Proxy 서버의 407 Proxy Authorization Required

SIP Proxy 서버는 사용자 인증 정보 요청을 위해 407 응답을
합니다.

```
SIP/2.0 407 Proxy Authorization Required
Via: SIP/2.0/TLS pc33.atlanta.com;branch=z9hG4bK74b43
From: <sips:anonymous@anonymous.invalid>;tag=9fxt6c
To: Audrey <sips:audrey@atlanta.com>;tag=3flal
```

```
Call-ID: 3848276298220188511@pc33.atlanta.com
CSeq: 31862 INVITE
Proxy-Authenticate:...(메시지 생략)
Content-Length: 0
```

앨리스는 SIP Digest Authentication 을 위해 정보를 요청합니다.

3) 앨리스의 INVITE (Token 과 PPI)

앨리스는 Authorization 헤더에 Digest Authentication 관련 사용자 정보를 포함하고, P-Preferred-Identity 헤더에 사용자 정보를 포함하여 전달합니다.

```
INVITE sips:audrey@atlanta.com SIP/2.0
Via: SIP/2.0/TLS pc33.atlanta.com;branch=z9hG4bK776asdhds
Max-Forwards: 70Route: sips:bigbox10.atlanta.com;lr
To: Audrey sips:audrey@atlanta.com
From: <sips:anonymous@anonymous.invalid>;tag=19jtf0
Call-ID: a84b4c76e66710@pc33.atlanta.com
CSeq: 31863 INVITE
P-Preferred-Identity: Alice sips:alice@atlanta.com
Privacy: id
Content-Type: application/sdp
Content-Length: 151
Authorization:... (메시지 생략)
```

SIP URI 가 SIPS URI 로 변경되었으므로 TLS 세션으로 전달됩니다. Privacy 헤더의 값이 'none'에서 'id'로 변경되었으므로 SIP Proxy 서버에게 신뢰할 수 없는 도메인으로는 P-Assorted-Identity 를 전송하지 말 것을 요청합니다.

4) SIP Proxy 서버의 INVITE (Token 과 PAI)

SIP Proxy 서버는 앨리스의 사용자 인증을 수행하고 INVITE 요청을 오드리에게 전달합니다.

```
INVITE sips:audrey@atlanta.com SIP/2.0
Via: SIP/2.0/TLS Bigbox10.atlanta.com;branch=z9hG4bKnashd92
Via: SIP/2.0/TLS pc33.atlanta.com;branch=z9hG4bK776asdhds
Max-Forwards: 69
To: Audrey sips:audrey@atlanta.com
From: <sips:anonymous@anonymous.invalid>;tag=19jtf0
Call-ID: a84b4c76e66710
CSeq: 31863 INVITE
P-Asserted-Identity: Alice sips:alice@atlanta.com
Privacy: id
Content-Type: application/sdp
Content-Length: 151
Authorization:... (메시지 생략)
```

3. SIP Identity

같은 도메인 내의 사용자 인증은 Digest Authentication 과 사용자 식별은 Network Assorted Identity 를 이용합니다. 서로 다른 도메인 간에 사용자 식별을 위한 방안이 필요합니다. 도메인과 도메인 간을 건너갈 때 상대방이 보내 준 발신자의 사용자 식별자를 어떻게 신뢰할 수 있는지가 문제입니다. 예를 들어, 발신자가 보낸 SIP INVITE 요청이라고 보내진 메시지를 다른 도메인에 있는 밥이 신뢰할 수 있는 방법이 필요합니다.

```
INVITE sips:bob@biloxi.com SIP/2.0
Via: SIP/2.0/TCP pc33.atlanta.com;branch=z9hG4bK74b43
Max-Forwards: 70
From: <sips:alice@atlanta.com>;tag=9fxt6c
To: Bob sips:bob@biloxi.com
Call-ID: 3848276298220188511@pc33.atlanta.com
CSeq: 31862 INVITE
Date: Sun, 22 Jun 2008 20:02:03 GMT
Contact: sip:alice@atlanta.com
Identity:
"CyI4+nAkHrH3ntmaxgr01TMxTmtjP7MASwliNRdupRI1vpkXRvZXx
1ja9k0nB2sW+v1PDsy32MaqZi0M5WfEkXxbgTnPYW0jIoK8HMyY1
VT7egt0kk4XrKFCHYWGClsM9CG4hq+YJZTMaSROoMUBhikVIjnQ8
ykeD6UXNOyfI="
Identity-Info: <https://atlanta.com/cert02.cer>;alg=rsa-sha1
Content-Type: application/sdp
Content-Length: 151
```

SIP Protocol 은 새로운 두 개의 SIP 헤더를 이용하여 해결합니다

· Identity 헤더
  해시 값으로 SIP 헤더와 SDP 정보가 중간에 변경되었다면 Identity
헤더의 해시 값과 일치하지 않으므로 문제가 발생합니다.

· Identity-info
  바로 전 SIP 컴포넌트의 인증서를 얻을 수 있는 URL

  SIP Identity 는 From, Contact, Via, Call-ID, Record-Route 등에
사용한 메시지 발신자의 이름이 변경되지 않았음을 증명합니다.
변경되지 않았음을 증명하는 identity 의 해시 값과 비교하기 위해서는

Identity-info 가 가리키는 URL 에서 인증서를 다운로드하여야 하며, 사용된 해시 알고리즘이 무엇인지를 확인합니다.

4. SIP Privacy

신뢰할 수 없는 도메인으로 SIP 요청을 전달할 경우에 UAC 를 식별할 수 있는 모든 메시지를 제거합니다.

```
INVITE sips:bob@biloxi.com SIP/2.0
Via: SIP/2.0/TLS agent86.privacy-service.com; branch=z9hG4bKn
Max-Forwards: 69
To: Bob sips:bob@biloxi.com
From: <sips:anonymous@anonymous.invalid>;tag=19jtf1
Call-ID: a84b4c76e66711
CSeq: 31863 INVITE
Contact: sips:anonymous@anonymous.invalid
Content-Type: application/sdp
Content-Length: 151
Authorization:... (메시지 생략)
```

INVITE 메시지에서 앨리스가 전송한 것을 인지할 수 있는 모든 메시지 부분을 'anonymous@anonymous.invalid'로 변경하였습니다. 응답 메시지는 Via 헤더를 따라 전달되고, From 헤더의 고유한 tag 파라미터를 통하여 식별합니다.

참고문헌

이 책은 IETF RFC 문서의 내용을 참고하였습니다.

RFC2368 The mailto URL Scheme

RFC 2617 HTTP Digest Authentication

RFC 2778 A Model for Presence and Instant Messaging

RFC 2833 RTP Payload for DTMF Digits, Telephony Tones and
Telephony Signals

RFC 2976 The SIP INFO Method

RFC 3015 MEGACO (MEdia GEteway COntrol Protocol)

RFC 3261 SIP: Session Initiation Protocol

RFC 3262 Reliability of Provisional Responses in the SIP

RFC 3264 An Offer/Answer Model with the SDP

RFC 3265 SIP-Specific Event Notification

RFC 3311 The SIP UPDATE Method

RFC 3325 Private Extensions to the SIP for Asserted Identity
within Trusted Networks

RFC 3428 SIP for Instant Messaging

RFC 3515 The SIP Refer Method

RFC 3435 MGCP (Media Gateway Control Protocol version 1.0

IETF RFC 3550 Real-time Transport Protocol

RFC 3608 Service Route Extension Header

RFC 3680 SIP Event Package for Registrations

RFC 3856

RFC 3903 SIP Extension for Event State Publication

RFC 3960 Early Media and Ringing Tone Generation in the SIP

RFC 3959 The Early Session Disposition Type for the SIP

RFC 3960 Early Media and Ringing Tone Generation in the SIP

RFC 5245 A protocol for Network Address Translator (NAT) Traversal for Off/Answer Protocols

RFC 5246 TLS 1.2

RFC 5389 STUN (Session Traversal Utilities for NAT,

RFC 5766 TURN (Traversal Using Relay NAT

RFC 5839 An Extension to SIP Events for Conditional Event Notification

RFC 6228 SIP Response Code for Indication of Terminated Dialog

에필로그

이 책은 처음 계획했던 것보다 NAT , SIP 보안 등의 부분이 추가
되었습니다. TLS / SRTP 및 Secure IPT 부분을 자세히 설명하고,
인터넷 전화 보안에 대한 내용을 추가하고 싶었지만, 책의 원래 취지를
살리기 위해 포함하지 않았습니다. 추후에 인터넷 전화 보안에 대한
이슈가 증가할 경우에 따로 정리할 계획입니다. 이 책의 내용만으로도
엔지니어들이 IP Telephony Architecture 와 SIP 프로토콜을 충분히
이해할 수 있으므로, 관련 장비 매뉴얼을 보면서 장비를 구축하기 위한
안내서의 역할을 할 것입니다.

그리고, 이 책을 집필하는 데 도움을 준 많은 훌륭한 친구와 동료들
에게 감사드립니다. 가장 먼저 고마움을 전하고 싶은 분은 넥스퍼트
블로그를 함께 운영하는 허용준님입니다. 그는 허클베리핀이라는
필명으로 활동하면서 글에 대한 많은 조언을 해주었습니다. 책을 만들
것을 강조한 맥스라는 필명을 쓰는 이광섭님에게도 감사합니다. 두
분 모두 이 책의 추천사를 써주셨습니다.

저와 함께 같은 길을 가고 있는 UC 엔지니어들에게 감사의 말씀을
전합니다. 그들은 VoIP, IP Telephony, Video Conferencing,
Collaboration, Cloud meeting solution 등의 새로운 기술들이 시장에
등장할 때마다 기술의 활성화와 저변 확대를 위해 노력합니다. 한국
에서 같은 길을 함께 걸어 가는 소중한 동료들입니다.

넥스퍼트를 꾸준히 방문하면서 기술에 관심을 가지고 공부하시는
모든 분들에게 감사합니다. 여러분들의 응원과 격려가 큰 힘이 되었고,
여러분의 댓글과 질문들이 있었기에 SIP 의 이해 연재를 마무리할 수
있었습니다.

또한, 필자의 멘토 이자 직장 선배이신 두 분에게 감사의 말씀을 전합니다. 한 분은 필자가 신입 사원일 때부터 엔지니어로 성장할 수 있도록 도와 준 왕수현님이고, 다른 한 분은 현재의 회사에서 엔지니어의 모범이며 아직도 늘 기술을 공부하시는 성일용님입니다.

끝으로 책을 교정하고 퇴고하기 위해 밤늦게까지 책상에 앉아 있는 아빠를 이해해준 첫째 우지훈과 둘째 우승훈 그리고 집사람에게 감사합니다. 그리고 항상 기술을 배우라던 아버지와 어머니에게도 감사의 말씀을 글로 전합니다.

필자는 아이들에게 저작권과 특허권의 중요성을 이야기하며, 아이들이 창작의 기본을 갖추도록 글쓰기와 그림 그리기를 가르칩니다. 이 책이 아이들에게 창작의 중요성을 일깨워 주고, 스스로 창작자가 될 수 있다는 가능성을 심어 주길 기대합니다.

2018 년 12 월 29 일 추운 겨울 강릉에서
우병수

글쓴이 소개

필자는 넥스퍼트 블로그(www.nexpert.net)과 브런치에서 라인 하트라는 필명으로 글을 쓰고, 시스코 코리아에서 인터넷 전화와 협업 솔루션 분야의 테크니컬 솔루션 아키택트로 재직중입니다.

필자는 VoIP 및 IP Telephony 기술이 한국에 도입되던 시기인 2000 년 초부터 업계에서 엔지니어로 일을 하였습니다. 2007 년 즈음 CCIE Collaboration 자격증을 취득하였고, 허클베리핀과 함께 티스토리에서 넥스퍼트 블로그를 시작하였습니다. 블로그를 통해 많은 엔지니어들과 소통하면서 한국의 인터넷 전화의 기술 확대와 발전을 위해 지식과 경험을 공유합니다.

필자는 블로그에서 협업 솔루션의 기술 이외에도 다양한 글을 연재하고 있습니다. 한국에서 IT 엔지니어로써 살아가면서 느끼는 고민을 정리한 'IT 엔지니어의 길을 묻다', 주 52 시간 시대에 기업의 업무 생산성을 향상시키는 방안을 정리한 '스마트워크는 없다' 등 입니다.

또한, 약속을 지키자는 캠페인을 하는 알렉스 쉔의 이야기를 한국에 전파하기 위해 '내가 한다고 말했으니까 (Because I said I would)'의 이야기와 월간 뉴스레터를 한글로 번역하여 개인 블로그에 공유 하고 있습니다.

필자는 경험과 생각을 글로 풀어내어 읽는 사람들에게 작은 도움이 되길 바라며 오늘도 글을 씁니다.

자주 사용하는 이메일 주소는 ucwana@gmail.com 입니다.